Erfolg als Friseurin - Die 7 Spielregeln für Extraklasse

Für Christoph,

der mich auf eine besondere Weise

zu diesem Buch inspiriert hat

Kurt Bliss

Für Peter,
Timo und Caroline,

die mich immer liebevoll und
tatkräftig unterstützt haben

Elfriede Schwörer

4. Auflage 2015

Kurt Bliss und Elfriede Schwörer
elithair Management Service Lahr
Dinglinger Hauptstraße 23
77933 LAHR
Tel. 0 78 21 – 98 30 30, Fax 0 78 21 – 98 30 31
elfriede.schwoerer@elithair.com
elithair.kb@t-online.de

Umschlaggestaltung, Satz und Repro: Kurt Bliss und Elfriede Schwörer
Lektorat und Herstellung: VerlagsAgentur Tom Jacob, Lahr
Titelgrafik: G. Wilhelm
Druck: dfn! Druckerei Fotosatz Nord, Kiel
Printed in Germany
ISBN 978-3-00-032715-5

Liebe Kollegin, lieber Kollege,

Danke für Ihr Interesse an dem Buch **ERFOLG als FRISEURIN.** Unter WWW.erfolg-als-friseurin.de finden Sie im Internet einige wertvolle Ergänzungen zum Buch, die Sie kostenlos herunterladen können. Viel Freude beim Lesen.

Mit freundlichen Grüßen

Kurt Bliss

elithair Management Service **Kurt Bliss & Elfriede Schwörer** ● 77933 Lahr
Dinglinger Hauptstr.23 ● Tel. 07821/ 98 30 30 ● Fax 07821/98 30 31
e-mail: elithair.kb@t-online.de ● e-mail: elfriede.schwoerer@elithair.com

Inhalt

FRISEUR? FRISEURIN? FRISEUSE? COIFFEUR? COIFFEUSE? COIFFEURIN? HAAR-STYLIST? HAAR-STYLISTIN?

Wie antworten Sie, wenn Sie jemand nach Ihrer beruflichen Tätigkeit fragt?

Liebe Kollegin, lieber Kollege,

Die Frage auf der Seite sieben dieses Buches „wie antworten Sie, wenn Sie jemand nach Ihrer beruflichen Tätigkeit fragt", haben Sie sicher spontan beantworten können?

Dass wir, die Autoren, mit der Anrede die offizielle Berufsbezeichnung **Friseurin** und **Friseur** gewählt haben, konnten Sie ja schon aus dem Buchtitel erkennen. Wenn Sie sich mit Ihrer Berufstätigkeit unter einem anderen Begriff vorstellen, nehmen Sie einfach die Anrede, die Ihnen am besten gefällt. Einverstanden?

Ein zweiter Punkt, bei dem wir die männlichen

Leser um Verständnis bitten ist, dass wir in diesem Buch im Interesse eines flüßigen Lesens nur die Friseurin ansprechen, auch wenn wir mit den Inhalten natürlich genauso den männlichen Kollegen im Beruf diese Anregungen geben wollen.

Und der dritte Punkt ist, wir wünschen uns, Sie sind damit einverstanden, dass wir Sie in diesem Buch mit **Du** ansprechen, denn wir sind überzeugt davon, die Botschaft, die wir vermitteln wollen, kommt damit persönlicher an.

Danke, dass Sie damit einverstanden sind. Sie werden Ihre Freude an diesem Buch haben.

Auf das Du, und auf dass Dir dieses Buch viele neue und wegweisende Erkenntnisse bringt.

Bevor Du nun die besonderen Spielregeln für die Gewinnung von Extraklasse für eine Friseurin in Folge kennenlernst, möchten wir Dich dazu inspirieren, Dich, Deine persönliche Qualität, Deine fachliche Qualifikation, Deine Fähigkeiten und Talente wie einen teilweise ungeschliffenen aber erkennbar wertvollen Edelstein zu sehen.

Vielleicht glänzt der Edelstein Deiner beruflichen Qualifikation an manchen Stellen auch schon wunderschön und die folgenden Spielregeln sind für Dich eine großartige

Bestätigung, dass Du auf dem richtigen Weg bist.

Andererseits wirst Du bei der einen oder anderen Anregung in diesem Buch auch für Dich noch wichtige Erkenntnisse und neue Wege erkennen, wie Du Deinen Edelstein in allen Facetten noch mehr und dauerhafter zum Leuchten bringen kannst.

Schritt für Schritt wollen wir Dir die 7 Spielregeln für Extraklasse über die sieben Facetten dieses besonderen Edelsteins nahebringen.

Wir freuen uns auf den gemeinsamen Weg mit Dir.

EIGENTLICH

IST ERFOLG GANZ EINFACH

Prolog

Ein Gespräch unter Freundinnen

„Also Anna, du musst unbedingt mal zu meiner Lisa gehen. Es ist ein echtes Vergnügen, sich bei ihr die Haare schneiden zu lassen.
Seit ich bei Lisa bin, macht mir das zum-Friseur-Gehen wieder richtig Spaß.

Weißt du, die schneidet nicht nur gut Haare, die hat auch eine so wunderbare Art, wie sie mit dir umgeht. Du hast das Gefühl, die freut sich schon richtig auf dich, wenn du den Laden betrittst.

Selbst wenn sie noch intensiv mit ihrer jetzigen Kundin beschäftigt ist, hat sie Dich bereits gesehen und es dauert keine Minute, da kommt sie strahlend auf dich zu, begrüßt dich mit Namen und sagt dir auch gleich, wie lange es noch in etwa dauert, bis sie Zeit für dich hat.

Ich muß dir sagen Anna, ich habe noch nie erlebt, dass Lisa Stress hat, auch wenn ich mal zehn Minuten warten muß, bis sie ihre aktuelle Kundin herzlich verabschiedet hat.
Seltsamerweise mache ich bei Lisa auch keinen Druck, wenn ich etwas warten muß, auch wenn ich bei solchen Anläßen sonst auch mal ganz schön zickig sein kann.

Aber weißt du, ich nehme mir bei Lisa auch von vornherein diese Zeit, weil ich mich auf diese Friseurstunde richtig freue. Der Friseurbesuch ist für mich, seit ich bei Lisa bin, zu einem Highlight des Monats geworden."

„Na, na, na, übertreibst du jetzt nicht ein wenig Siegrid?
Allerdings muss ich sagen, ich habe in letzter Zeit öfter mal gedacht, meine Freundin Siegrid sieht richtig gut aus. Sie hat eine sehr interessante Haarfarbe und der Haarschnitt, die Frisur passen großartig zu ihr.

Ich weiß natürlich auch, dass du immer schon großen Wert auf ein gepflegtes Erscheinungsbild gelegt hast, aber in letzter Zeit wollte ich dich tatsächlich mal fragen, zu welchem Friseur du gehst. Wie bist du denn zu Deinem Prachtstück Lisa gekommen?"

„Nun, du weißt ja Anna, ich gehe seit Jahren zu Coiffeur Müller-Schmidt. Der Salon ist sehr gut geführt. Frau und Herr Müller-Schmidt sind engagierte Friseure und Geschäftsleute, kennen ihre Kunden, sorgen dafür, dass sich der Salon ständig weiter entwickelt und die Mitarbeiter auf der Höhe der Zeit sind.

Mit meiner vorherigen Friseurin war ich auch ganz zufrieden und als diese in Mutterschaft ging, hat mir Frau Müller-Schmidt Lisa empfohlen.

Da hab ich dann erst mal bemerkt, wo der Unterschied zwischen ganz zufrieden und begeistert liegen kann. Das sind Welten, und du hast ja bemerkt, von Lisa bin ich total begeistert."

„Es ist nicht zu überhören Siegrid, dass du von deiner Friseurin begeistert bist, hast du denn etwas dagegen, wenn ich auch mal zu deiner Lisa gehe?"

„Überhaupt nicht Anna. Ich kann auch gern die Verbindung zu Lisa herstellen, wenn du wieder einen Friseurtermin benötigst.

Sag mir einfach ein paar Tage vorher Bescheid, denn es kann schon sein, dass du bei Lisa nicht gerade von heute auf morgen einen Termin bekommst.

Aber ich weiß, sie freut sich auf jeden Fall, wenn ich ihr sage, dass meine Freundin auch zu ihr kommen möchte.

Also ruf mich an, wenn du den Wunsch nach einem neuen Friseurerlebnis hast."

Die 7 Spielfelder
auf einen Blick

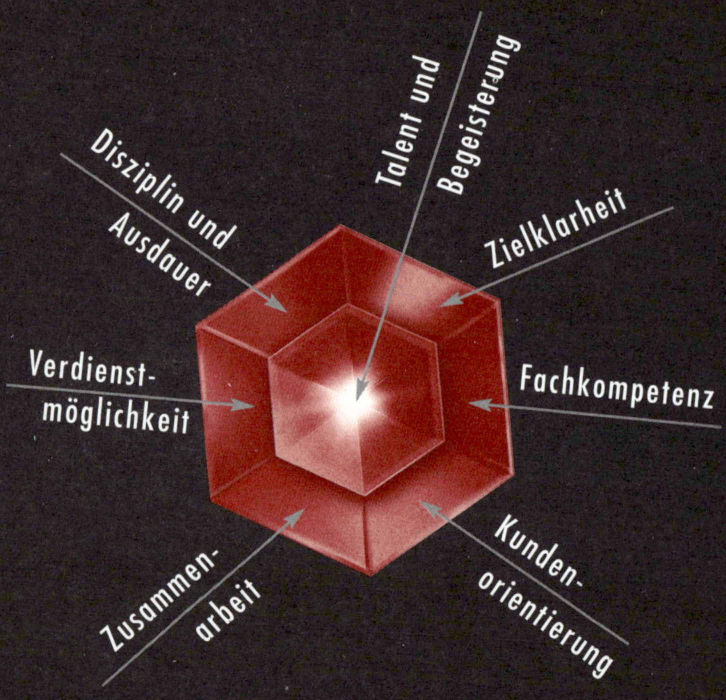

Der rote Edelstein

Der rote Edelstein, mit seinem sechseckigen Kern und den sechs Facetten rund um diesen Kern zeigt und symbolisiert die 7 Spielfelder, für die in diesem Buch die entsprechenden 7 Spielregeln für Extraklasse beschrieben sind.

Schnell erkennbar und leicht einprägsam bietet dieses Leitbild eine klare Orientierung für alle Friseurinnen und Friseure, die sich mit Elan und Begeisterung auf den spannenden Weg zur Extraklasse im Friseurberuf begeben wollen.

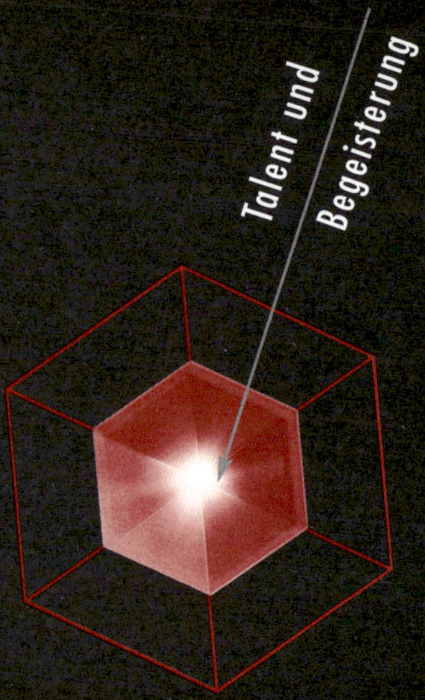
Talent und
Begeisterung

Die 1. Spielregel

Zeig
Deine
Talente
Zeig Deine
Begeisterung

NICHTS GROßES IST JE OHNE BEGEISTERUNG GESCHAFFEN WORDEN

Ralf Waldo Emerson

Du hast den schönsten Beruf der Welt

Durch Deiner Hände Arbeit machtst Du andere Menschen schöner, attraktiver, interessanter, selbstbewußter, glücklicher.

Durch Deiner Hände Arbeit erlebst Du, wie aus einem Mauerblümchen eine wunderschöne Rose wird.

Durch Deiner Hände Arbeit erlebst Du, wie Menschen aufblühen und an Selbstvertrauen gewinnen.

Mit Deiner Hände Arbeit kannst Du die starken

Seiten eines Menschen hervorheben und die schwachen Seiten unauffällig zurücktreten lassen.

Mit Deiner Hände Arbeit rückst Du die Persönlichkeit eines Menschen in ein besonderes Licht.

Für gute Arbeiten erhältst Du sofort die positive Bestätigung durch den anderen Menschen. Für eine begeisternde Arbeit erhältst Du begeisterte Resonanz der anderen Menschen - 10 Mal am Tag. 50 Mal in der Woche!

Wenn Du aufmerksam bist, erkennst Du auch bei einer schwache Arbeit sofort die Resonanz und kannst an Dir arbeiten, um Dich zu verbessern.

Mit Deinem Wissen und Können berätst Du Menschen, wie sie mit ihrem Erscheinungsbild interessant und einmalig hervortreten können.

Du arbeitest tatsächlich im schönsten Beruf der Welt, kannst aus eigener Kraft heraus täglich Erfolg und Erfüllung erleben.

Bring Deine ganz großen Stärken ins Spiel

... und lass Deine Talente für Dich arbeiten

- ☺ **Das Gestalten mit den Händen liegt Dir im Blut**
- ☺ **Mode, Zeitgeist, Lifestyle interessieren Dich brennend**
- ☺ **Du magst Menschen, Du kommunizierst gern, es ist Dir ein Bedürfnis, auf Menschen zuzugehen**

Das Gestalten mit den Händen liegt Dir im Blut ... und

Du liebst Haare

Haare faszinieren Dich. Es gibt für Dich nichts Schöneres, als in volles kräftiges Haar zu fassen und dieses zu formen.

Es ist für Dich die größte Herausforderung, aus feinen dünnen Haaren eine füllige, ausdrucksstarke Frisur zu zaubern.

Es beschäftigt Dich Tag und Nacht, wie Du aus stumpfen, spröden, schlaffen Haaren Glanz, Farbe und springende Elastizität hervorbringen kannst.

So lange Du wach, in Bewegung, oder unterwegs bist, beschäftigst Du Dich fast immer, bewußt oder unbewußt mit Haaren, Frisuren, Farben oder Haar-Bewegungen.

Mode, Zeitgeist, Lifestyle interessieren Dich brennend ... und

Du bist der neugierigste Mensch, den ich kenne

Speziell, wenn es um Mode geht. Modesendungen im Fernsehen entgehen Dir nicht, denn Du schaust Dir die Programmvorschauen gezielt nach solchen Sendungen durch, notierst sie in Deinem Wochenkalender und - schaust sie Dir auch mit Begeisterung an. Echo, Bambi, Bayrischer Filmpreis, Deutscher Fernsehpreis, Goldene Kamera, usw., sind für Dich die interessantesten Studienobjekte für zeitgemäßes Auftreten von Menschen, die für einen großen Teil Deiner Kundinnen und Kunden mit ihrem Erscheinungsbild als Leit- und Vorbilder gelten.

Natürlich machen Dir solche Sendungen auch persönlich großen Spaß, weil Du auch für Dich ständig offen für Anregungen bist.

Auch Frauen- und Männerzeitschriften für Mode, Lifestyle, Sport, Wellness, Fitness und Gesundheit studierst Du ganz gezielt und regelmäßig.

Und wenn Du auch einen größeren Kreis von Männern zu Deinen Kunden zählst, dann wirfst Du auch regelmäßig einen Blick in die Sportschau. Denn dann hast Du auch längst entdeckt, dass die Haare von Frank Ribéry nicht einfach zu schneiden sind, Torsten Frings wohl nur selten zum Friseur geht, und Michael Ballak immer einen erstklassigen Haarschnitt hat, egal bei welchem Verein er spielt.

Solche Dinge interessieren Dich einfach, weil Du von Natur aus neugierig bist, besonders wenn es um das Erscheinungsbild von interessanten Menschen geht und weil Du auch immer auf der Suche nach Anregungen für Deine Kundinnen und Kunden bist.

Du magst Menschen, Du kommunizierst gern, es ist Dir ein Bedürfnis auf Menschen zuzugehen ... und

Du inspirierst Menschen, mehr aus sich zu machen

Schließlich hast Du diesen Beruf erlernt, weil Du das Gestalten von Haaren liebst, weil Du das Spiel mit der Mode liebst, weil Du gut aussehende Menschen liebst und weil Du im Laufe Deines Berufslebens entdeckt hast, dass Du in und mit Deinem Beruf einen entscheidenden Beitrag dazu leisten kannst, um andere Menschen besser, gepflegter, interessanter, attraktiver aussehen zu lassen.

Weil Du weißt, dass nichts mehr inspiriert, als das gute Beispiel, ist Dein persönliches Erscheinungsbild bei der Arbeit eine echte Inspiration für Deine Kunden, jedoch nie eine Herausforderung oder gar eine Konfrontation.

Auch deshalb, weil Du manchmal so etwas wie ein Sendungsbewußtsein bei Dir erkennen kannst, seit Du immer wieder erfährst, dass Du Menschen mit Deiner Arbeit glücklich machen kannst.

Hast Du Dich erkannt?

Du hast Talent und Begeisterung,
Du hast den schönsten Beruf der Welt,

Du hast drei große Stärken:

- Du liebst Haare,
- Du bist der neugierigste Mensch, den ich kenne,
- Du inspirierst Menschen, mehr aus sich zu machen.

Dir ist bewußt, Talent und Begeisterung sind die halbe Miete für den Erfolg.
Selbst wenn nicht alle Deine Talente so ausgeprägt sind - erkennst Du Deine Stärken?
Du bist Dir da nicht so ganz sicher?
Dann mach einfach den kleinen Check auf der nächsten Seite.

Die Spielregeln sind ganz einfach und Du wirst solche Checks in diesem Buch noch öfters finden und anwenden.

Anleitung zum Abschluß-Check Spielregel 1

Auf den folgenden Seiten dieser Anleitung findest Du eine Formularhilfe für Deinen Abschluß-Check zur Spielregel Nr. 1.

Dieser Abschluß-Check bietet Dir die Gelegenheit, Dich noch einmal mit den Inhalten dieser Spielregel auseinander zu setzen, und Dir eine Meinung dazu zu bilden.

Die Einschätzung einer persönlichen Leistungsqualität ergibt nur dann einen Sinn, wenn daraus, bei Bedarf, auch Maßnahmen zur Verbesserung erfolgen.

Damit Du Dich nach Deiner Einschätzung auf den wirkungsvollsten Punkt konzentrieren kannst, erfolgt die Einschätzung in zwei Stufen:

1. Du markierst als erstes Deine Einschätzung bei jedem der aufgeführten Erklärungen, Aussagen oder Fragen in eines der 4 Felder:

   1 ☹ 2 😐 3 ☺ 4 👍
   wie auf der Musterseite gezeigt.

2. Wenn Du über Deine Einschätzung einen ersten Eindruck gewonnen hast, setzt Du in einem zweiten Schritt Schwerpunkte, indem Du mindestens zwei Deiner starken Seiten aus dieser Auflistung markierst.
   Danach findest Du den einen Punkt, bei dem Du der Meinung bist, dass dieser verbesserungswürdig ist.
   Deine Einschätzung kannst Du auf dem Formular entsprechend eintragen:

   Die besonderen Stärken sind die Nr. ❍ ❍
   Der Punkt, der zu verbessern ist, liegt bei der Nr. ❍

Nachdem Du weißt, wo Deine besonderen Stärken liegen und wo Du Dich verbessern kannst, entscheide jetzt

a) willst Du zuerst eine der Stärken noch stärker machen oder
b) willst Du zuerst den Verbesserungspunkt angehen?

Zur Frage, welches der wirkungsvollste Ansatzpunkt für Dich sein könnte, stell Dir einfach die folgende Frage:

a) Ist der verbesserungswürdige Punkt auf dem Abschluß-Check der Engpass, der

Dich daran hindert, erfolgreicher zu sein, oder

b) ist es sinnvoller, Dich ganz auf Deine Stärken zu konzentrieren, diese noch stärker zu machen und das Verbesserungsthema verliert sich dann von selbst?

Im allgemeinen sagen Fachleute, die zu diesem Thema Erfahrung haben, konzentriere Dich zuallererst auf Deine Stärken und mach diese noch stärker.
Allerdings, wenn einer der angesprochenen folgenden 5 Punkte überhaupt nicht Dein Ding ist, ist es schon sinnvoll, dieses Thema ebenfalls ins Visier zu nehmen und zu überlegen, wie Du dies ändern kannst.

Wenn Du unsicher bist, frage einfach eine Vertrauensperson oder Deine Führungkraft beim nächsten Gesprächstermin.

Am Besten legst Du Dir jetzt gleich ein kleines Notizbuch zu, für Ideen, Anregungen und Aufgaben aus diesem Buch. Und Du trägst Deine Einfälle und Erkenntnisse auch immer sofort in dieses Buch ein.

Abschluß-Check
zur Spielregel Nr. 1

Erstellt am: 25. März 2010

für: Christina

MUSTER

Meine Leistungs-/oder Einstellungs-Einschätzung:
1 ☹ nicht mein Ding **2** 😐 manchmal
3 ☺ trifft voll auf mich zu **4** 👍 dafür lebe ich

	1 ☹	2 😐	3 ☺	4 👍
1. Ich liebe Haare, das Gestalten mit Haaren ist mein Leben				X
2. Ich bin total neugierig, was im Bereich Mode, Zeitgeist & Lifestyle so läuft		X		
3. Ich mag Menschen und ich gehe gern auf Menschen zu			X	
4. Ich liebe es, Menschen zu inspirieren, mehr aus sich zu machen		X		
5. Ich bin mit Leib und Seele Haar-Stylistin				X

Meine besonderen Stärken sind die Nr. ① ⑤
Meine Möglichkeit zur Verbessererung zeigt sich bei der Nr. ②

Notizen Ich will mich wieder mehr mit Mode und Lifestyle beschäftigen, so wie früher, und meine Begeisterung wieder deutlicher zeigen.

Abschluß-Check
zur Spielregel Nr. 1

Erstellt am: ____________________

für: ____________________

Meine Leistungs-/oder Einstellungs-Einschätzung:
1 ☹ nicht mein Ding **2** 😐 manchmal
3 ☺ trifft voll auf mich zu **4** 👍 dafür lebe ich

	1 ☹	2 😐	3 ☺	4 👍
1. Ich liebe Haare, das Gestalten mit Haaren ist mein Leben				
2. Ich bin total neugierig, was im Bereich Mode, Zeitgeist & Lifestyle so läuft				
3. Ich mag Menschen und ich gehe gern auf Menschen zu				
4. Ich liebe es, Menschen zu inspirieren, mehr aus sich zu machen				
5. Ich bin mit Leib und Seele Haar-Stylistin				

Meine besonderen Stärken sind die Nr. ❍ ❍
Meine Möglichkeit zur Verbesserung zeigt sich bei der Nr. ❍

Notizen ____________________

____

____

ERKENNEN, WO DU STEHST,
IST DIE EINE SACHE.

KLAR FORMULIEREN,
WELCHE VERÄNDERUNG DU
ANSTREBST, DER UNERLÄSSLICHE
NÄCHSTE SCHRITT.

UND DENK DARAN:
„NICHTS GROßES IST JE OHNE
BEGEISTERUNG GESCHAFFEN
WORDEN"

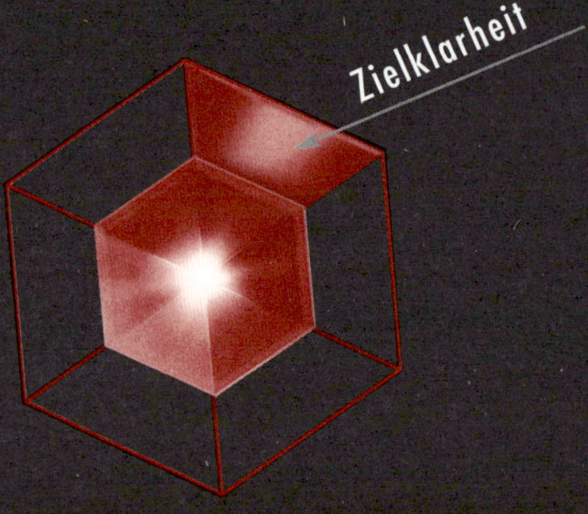
Zielklarheit

Die 2. Spielregel

Kläre zunächst für Dich, was Du erreichen willst!

„ZIELE SIND NICHT DAZU DA, UNSERE SICHTWEISE EINZUENGEN, SONDERN EINEN ZUKÜNFTIGEN ZUSTAND ZU BESCHREIBEN, DAMIT SICH DIE KRÄFTE FOKUSIEREN KÖNNEN“

Andrea Lienhart

Du weißt, Du liebst den Umgang mit Haaren und Du liebst das Gestalten von Haaren. Das hat Dich immer schon interessiert, fasziniert, Dir Riesenspaß gemacht.

Du weißt, Du hast ein starkes Bedürfnis, mit Deiner Hände Arbeit und Deinem Wissen, Deine Kunden interessant und attraktiv in Szene zu setzen.

Hast Du denn auch eine Vorstellung oder ein Wunschbild, was Du mit Deinen Fähigkeiten und Talenten, an dem Platz, an dem Du derzeit stehst, erreichen willst?

Was willst Du in Deinem Beruf, an dem Platz, an dem Du derzeit stehst, in den kommenden zwei bis drei Jahren erreichen?

Können wir zunächst davon ausgehen, dass Du in dem Team, in dem Du derzeit arbeitest, weiterhin bleiben und erfolgreich Karriere machen willst?

- Du fühlst Dich wohl in Deinem Team?

- Es macht Dir Spaß mit Deinen Kolleginnen und Kollegen zusammenzuarbeiten?

- Der Salon gefällt Dir und die Kunden, die den Salon besuchen, sind genau die Menschen, für die Du gern Friseurin bist?

- Du hast ausreichend Aus- und Weiterbildungsmöglichkeiten in diesem Team?

- Chefin und/oder Chef stellen zwar hohe Anforderungen, denn sie wollen mit ihrem Salon zu den Besten zählen, sind aber auch bereit, außergewöhnliche Leistungen außergewöhnlich zu honorieren und haben einen Führungsstil, der auf den Menschen im Mitarbeiter und dessen Bedürfnisse eingeht.

Sind diese Rahmenbedingungen an Deinem jetzigen Arbeitsplatz für Dich o.k.?
Im Großen und Ganzen o.k.?

Denn es gibt immer Dinge, Situationen, Ereignisse, mit denen Du nicht so ganz einverstanden bist.

Wenn Du im Großen und Ganzen mit den Rahmenbedingungen einverstanden bist, dann geh jetzt den nächsten Schritt auf Deinem Weg zur Zielklarheit. Vielleicht notierst Du noch vorher in Deinem Notizbuch, das Du ja längst angelegt hast, was Dir zu den Rahmenbedingungen eingefallen ist, damit Du später, wenn Du mit Deinem Chef ein Gespräch hast, Dich entsprechend vorbereiten kannst.

Doch jetzt zur nächsten Frage:

Was wäre für Dich die ideale Situation an Deinem Arbeitsplatz für die kommenden Jahre?

Hast Du dazu ein Wunschbild, oder schon klare Vorstellungen?

- Siehst Du Dich als eine der gefragtesten Friseurinnen im Team, die immer schon Tage im Voraus ausgebucht ist und viel Anerkennung von allen Seiten erhält?

- Siehst Du Dich als **die** Farb-, Pflege-, Make-up-, - oder was auch immer - Expertin im Team, bei der alle Kolleginnen und Kollegen Rat suchen und die Kunden begeistert über Dich und die Ergebnisse Deines Tuns sprechen?

- Siehst Du Dich als gefragte Trainerin im Team, die den Nachwuchs formt und betreut?

- Siehst Du Dich als Botschafterin für Euren Salon, die bei bestimmten Anlässen mit Frisuren auch öffentlich in Erscheinung tritt?

- Siehst Du Dich als die Mitarbeiterin, die sehr gut verdient? Auf dem Mitarbeiter-Parkplatz steht ein roter Fiat 500 oder ein weißer Minicooper oder ein hochwertiges, tolles Mountainbike - alles schuldenfrei - und Dein Zuhause ist eine schnuckelige kleine Wohnung, die nur Dir gehört?

Oder was sind Deine Vorstellungen?

Hast Du überhaupt Vorstellungen?
Dann schreib doch einfach jetzt Deine ganz persönlichen Idealvorstellungen in Dein Notizbuch.

„O.k., das mach ich später", das Buch ist jetzt gerade so spannend.

Wann später? Bis wann willst Du Deine Wünsche und Vorstellungen zu Papier gebracht haben? Schreib diesen Endtermin **jetzt** auf.

Warum bleiben wir bei diesem Thema so penetrant am Ball?

Weil hier ein ganz, ganz wichtiger und entscheidender Punkt für Erfolg oder Mißerfolg im Spiel ist.

Es gibt Menschen - das ist der überwiegende Teil der Menschheit - die trauen sich überhaupt nicht, irgendwelche beruflichen Idealbilder in sich zu entdecken. Wenn`s gut geht, machen sie einen guten Job und ansonsten leben sie ein intensives Privatleben. Der Beruf ist Mittel zu Zweck.

Dann gibt es die Gruppe von Menschen, die laufend irgendwelche berufliche Traumbilder haben, aber nie dazu kommen, aus der Traumvorstellung heraus ein Ziel zu formulieren, das sie bis zu einem festgelegten Zeitpunkt auch erreicht haben wollen und deshalb bleiben diese Traumbilder auch Traumbilder.

Und dann ist da die dritte, sehr kleine Gruppe der Menschheit, die haben nicht nur einen sehr intensiven Wunschtraum von dem, wo sie beruflich eines Tages stehen werden, Sie haben darüber hinaus auch einen schriftlich formulierten Zielplan, in dem auch der Zeitpunkt festgehalten ist, bis wann sie dieses Ziel erreicht haben wollen.

Wovon träumst Du?

Hast Du Deine beruflichen Träume schon einmal zu Papier gebracht?

Trau Dich, Deine Träume in eine attraktive, Dir lustmachende, Form zu gießen!

Vielleicht hast Du ein Bild von Dir, oder einer bekannten Kollegin, das genau das ausdrückt, wie Du Dich gern präsentieren würdest?

Oder Du erstellst eine Collage aus mehreren Bildern, die genau das ausdrücken, wie oder wo Du Dich in der nahen Zukunft gern sehen würdest.

Motiviert Dich Dein Bild oder Deine Collage? Inspiriert Dich das Bild zum Tun? Kannst Du erkennen, ja, das ist tatsächlich das, was Du erreichen möchtest?

Wenn ja, dann ist dieses Traumbild so etwas wie Deine Vision von dem, was Du in den kommenden Jahren in Deinem beruflichen Leben gerne erreichen würdest. Wenn ja, dann geh den nächsten Schritt, und formuliere aus Deinem Traum ein Ziel!

Kennst Du den Unterschied zwischen Traum und Ziel?

Der berufliche Traum, die Vision, ist so etwas wie der Kompass, der Dir die Richtung zeigt.

Ein formuliertes berufliches Ziel konkretisiert diesen Traum, macht ihn realistisch, zeigt Dir konkret, wie Dein Traum mit Dir als Mittelpunkt zu einem bestimmten Zeitpunkt im wirklichen Leben Realität sein kann.

Hast Du jetzt richtig Lust bekommen, eine Bild-Collage von Deinem beruflichen Traum zu erstellen? Um anschließend daran auch ganz konkret daraus ein Ziel zu formulieren?

Oder willst Du Dich noch mal fragen, ob diese Anstrengung - vielleicht bist Du in diesen schriftlichen Aufgaben nicht so geübt -wirklich notwendig ist?

Beachte zu dieser Überlegung einfach folgende Wahrheiten:

1. **Wenn Du keinen beruflichen Traum hast, wird es Dir sehr schwer fallen, ein attraktives berufliches Ziel zu formulieren.**

2. **Wenn Du kein berufliches Ziel formuliert hast, wird es Dir nicht gelingen, Dich zielgerichtet in Bewegung zu setzen.**

Du wirst dann zum großen Heer der Friseurmitarbeiterinnen gehören, die keine eigenen Ziele haben und sich durch die Gegebenheiten und Umstände treiben lassen, ohne auf ihre berufliche Entwicklung selbst wirklich Einfluß zu nehmen.

Willst Du das?

Natürlich gibt es die ganz großen Ausnahme-Menschen, die schon mit 5 Jahren oder noch früher wußten, in welchem Beruf sie ganz groß herauskommen werden, die schon als Kind die Vision hatten, was einmal sein wird, wenn sie groß sind. Die dann allerdings auch Menschen in Ihrem Umfeld hatten, die das Talent erkannten und dann dafür sorgten, dass sie am Ball geblieben sind, ein Zielplan zur Verfügung stand, nach dem Schritt für Schritt vorgegangen wurde. Keine 5% der Menschheit zählen zu diesen Glückskindern.

Doch selbst für diese und für alle anderen, die erfolgreich sein wollen sowieso, gibt es einen klaren Weg zum Erfolg. Es ist die 2. Spielregel für Extraklasse als Friseurin:

Du
mußt wissen, was
Du erreichen willst.

Denn,

„Wenn Du das Ziel nicht kennst, ist jeder Weg der richtige“, sagt ein altes arabisches Sprichwort.

„Ziele geben unserer Aufmerksamkeit eine Richtung“ weiß Rosemarie Schneider immer wieder zu betonen.

„Die Kenntnis der eigenen Ziele ist die Bedingung des Erfolges“ . So einfach drückt es Mylan Kryka aus.

Kein Zweifel, Du brauchst Ziele, wenn Du Deinem beruflichen Leben eine erfolgreiche Richtung geben willst. Und - das ist genau so wichtig - Du mußt Dich an bestimmte Richtlinien bei der Zielfindung halten, wenn Du Deine Ziele auch erreichen willst.

Diese Richtlinien sind:

1. **Formuliere Dein Ziel schriftlich, für Dich verständlich, motivierend und meßbar.**

2. **Finde ein passendes, Dich motivierendes Bild, oder erstelle Dir eine inspirierende Collage dazu.**

3. **Lege den Zeitpunkt fest, bis wann Du dieses Ziel erreicht haben willst.**

4. **Notiere, welche Vorteile es Dir und allen Beteiligten bringt, wenn Du dieses Ziel erreicht hast.**

5. **Überprüfe dann, ob Du auch bereit bist, alles zu tun, um dieses Ziel zu erreichen.**

Nehmen wir ein Beispiel:
Es stört Dich schon seit einiger Zeit, dass Du, wenn Du Deine Kunden zum Thema Haarfarbe

beraten willst, Dich doch sehr unsicher fühlst. Z.B., wenn es darum geht, eine fundierte Empfehlung zur Haarfarbe zu geben, die Deine Kundin jünger, frischer oder attraktiver aussehen lassen könnte, oder wenn es darum geht, mit welcher Rezeptur und Anwendungstechnik Du das gewünschte Ergebnis erreichen kannst.

Auf der anderen Seite bewunderst Du Deine Chefin, die in Sachen Haarfarbe ihre Kunden so souverän und sicher berät und dann auch noch immer das gewünschte Ergebnis mit der vorgeschlagenen Farbrezeptur und Methode erreicht.

Deine Zielformulierung könnte also sein,

„Neben meiner Chefin bin ich die zweite anerkannte Farbexpertin mit Diplom im Team. Ich kann meine Kunden souverän und sicher zum Thema Haarfarbe beraten und weiß genau so sicher, wie das vereinbarte Farbergebnis auch erreicht werden kann. Ich erfahre jeden Tag von Neuem große Anerkennung von meinen Kunden zu diesem Thema.

Auch meine Kollegen wissen, dass sie mich - genau so gut wie die Chefin - jederzeit bei ihren Farbbehandlungen um Rat fragen können und tun dies auch.

Mein Ziel, anerkannte Farbexpertin in unserem Team, habe ich bis zum ___________ erreicht. Falls möglich, will ich dann auch als Farbtrainer für unser Team zur Verfügung stehen.
Der Farb-Anteil bei meinen Bedienungsfällen liegt dann jeden Monat deutlich über 50 %.
Damit kann ich auch deutlich mehr verdienen als bisher.
Ich habe dazu auch eine wunderschöne Collage erstellt, die mich immer wieder inspiriert und motiviert, an meinem Ziel dranzubleiben, bis ich es erreicht habe.

Wunderbar, Du hast Dein Ziel klar und eindeutig formuliert. Es ist positiv und motivierend für Dich. Du hast festgelegt, bis wann Du es erreicht haben willst und Du hast ein inspirierendes Bild dazu gefunden.

Siehe dazu das nebenstehende Beispiel:

Du hast wahrscheinlich auch entdeckt und aufgelistet, dass Du mit Erreichen des Zieles mit Deinem neuen Wissen und Können tatsächlich für alle Beteiligten nur Vorteile bringst.

Ob Dein Ziel auch realistisch ist, wirst Du schnell erkennen, wenn Du daran gehst, die Schritte zu planen, mit denen Du Dich jetzt auf

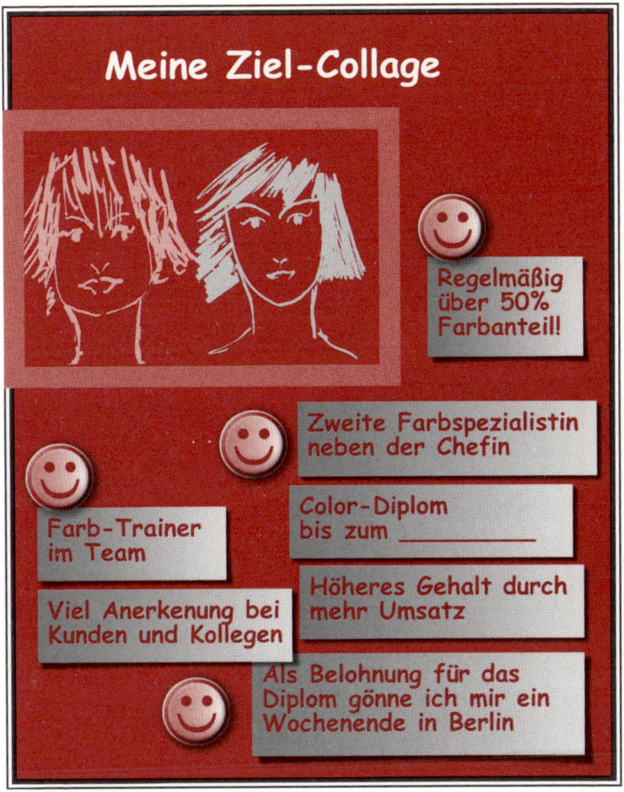

den Weg machen willst, um Dir die beschriebene Sicherheit und Souveränität im Bereich Farbe zu erwerben.

Und der nächste Schritt wird für Dich jetzt sein, einen Gesprächstermin mit Deiner Chefin oder Deinem Chef zu finden, um die nächsten Schritte auf dem Weg zu Deinem Wunschziel zu besprechen.

Wie beschreibt es J. Sig Poulsen so schön:

„Die Welt macht Platz für den Menschen, der zielgerichtet ist. Nimm Dir Zeit, Dir heute ein großes Ziel zu wählen - dann bleib ihm treu und Du wirst Dein Leben verändern."

Erfolg als Haarstylistin hast Du dann, wenn Du auch die zweite Spielregel ***„Kläre zunächst für Dich, was Du erreichen willst!"*** immer wieder beachtest und beherzigst.

Die Hausaufgabe für die zweite Spielregel für Extraklasse lautet:

Erstelle Deinen ersten Ziel-Projektplan mit Hilfe der folgenden Checkliste zur Zielplanung. Dabei genügt es vollkommen, wenn Du bis zum Chef-Gespräch die ersten 5 Punkte für Dich geklärt und notiert hast.

Zielprojektplan
1.________
2.________
3.________
usw.

Anleitung 10 Punkte-Ziel-Projektplan

1. Mein Ziel ist: (Formuliere Dein Ziel nach den bekannten Spielregeln).
2. Dazu habe ich eine schöne, motivierende Ziel-Collage erstellt.
3. Dieses Ziel habe ich bis zum _________ erreicht.
4. Notiere, welche Vorteile Du und Dein Umfeld haben, wenn Du Dein Ziel erreicht hast.
5. Notiere, welchen Einsatz Du bringen musst, wenn Du Dein Ziel im festgelegten Zeitrahmen erreichen willst.
6. Notiere, welche Menschen Dich auf dem Weg zu Deinem Ziel unterstützen können.
7. Notiere, welche Hindernisse auf dem Weg zu Deinem Ziel auftauchen können und wie Du diesen begegnen willst.
8. Notiere, welche neuen Fähigkeiten und Fertigkeiten Du benötigst, um Dein Ziel zu erreichen.
9. Erstelle jetzt einen Aktionsplan mit den Aufgaben, die Du Punkt für Punkt zu erfüllen hast.
10. Notiere, welche Belohnung Du Dir gönnst, wenn Du Dein Ziel erreicht hast.

Jetzt zum Abschluß-Check
der Spielregel **Nr. 2**:

Du erkennst, dieser Check ist ganz anders aufgebaut als bei der Spielregel Nr. 1.

Dieser Check ist nicht einfach nur eine Meinungs- oder Einstellungsabfrage. Bei diesem Check sind Aufgaben zu erfüllen, die etwas zeitaufwändiger sind.

Was Du jetzt tun kannst, ist, Dich zu fragen, bin ich bereit, in der vorgegebenen Form in dieses Thema einzusteigen und wenn ja, erstellst Du eine grobe Terminplanung, in der Du festlegst, bis wann Du diese Aufgaben erfüllt haben willst.

Wenn Dir jetzt die Zeit dazu fehlt, leg jetzt einfach nur den Termin fest, wann Du den Check ausführen willst.

Indem Du diese Aufgabe annimmst, schaffst Du eine der wichtigsten Voraussetzungen für Deinen Erfolg. Du schaffst Klarheit, was Du erreichen willst.

Viel Spaß beim Tun.

Abschluß-Check

zur Spielregel Nr. 2

Erstellt am: ____________________

für: ____________________

Meine Absicht, mein Plan:

1 ☹ mal schauen **2** 👍 die Termine, bis wann die einzelnen Aufgaben ausgeführt sind, habe ich festgelegt

	1 ☹	2 👍
1. Meinen beruflichen Traum habe ich bis zum ____________ schriftlich formuliert.		
2. Eine motivierende und inspirierende Collage dazu habe ich bis zum ____________ erstellt.		
3. Den 10 Punkte-Ziel-Projektplan habe ich bis zu Punkt 5 bis zum ____________ schriftlich formuliert.		
4. Bis zum ____________ habe ich ein Gespräch mit meiner Vertrauensperson über meine Absichten und Pläne vereinbart.		
5. Bis zum ____________ habe ich ein Gespräch mit meinem Chef vereinbart.		

Die besonderen Stärken sind die Nr. ◯ ◯

Die Möglichkeit zur Verbessererung zeigt sich bei der Nr. ◯

Notizen

____

____

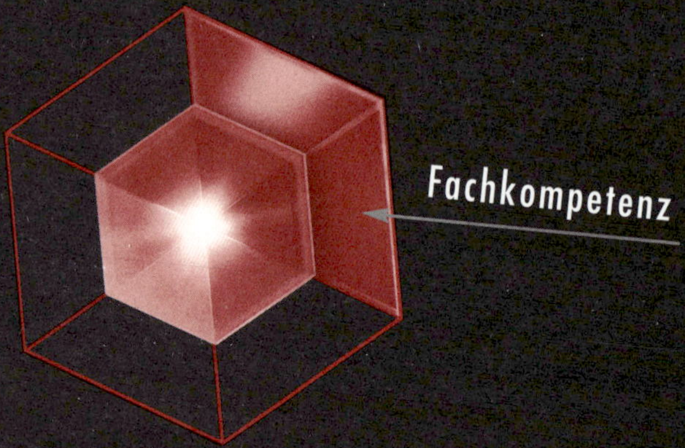
Fachkompetenz

Die **3.** Spielregel

Stärke Deine Fach-Kompetenz

... denn sie
ist die Basis von Allem

„Exzellente Fachkompetenz ensteht aus Konzentration, dem Bedürfnis nach Perfektion, der Begeisterung für das Außergewöhnliche - und richtig harter Arbeit"

Wenn Du Dich mit der 2. Spielregel intensiv beschäftigt hast, dann weißt Du jetzt schon ziemlich genau, wohin Du Dich in den nächsten zwei bis drei Jahren enwickeln möchtest.

Und der nächste Schritt wäre jetzt, ein Gespräch zu vereinbaren mit Deiner Chefin, Deinem Chef. Oder sagen wir einfach mit der Führungsperson, die in Deinem Team für solche Gespräche zuständig ist.

Doch bevor Du diesen Schritt gehst, lass uns für die 3. Spielregel zur Fachkompetenz noch den gemeinsamen Nenner finden. Die Spielregel lautet:

Stärke Deine Fachkompetenz
... denn sie ist die Basis von Allem

Kannst Du Dich mit dieser Grundsatzerklärung einverstanden erklären?

Herzlichen Dank, dann lass uns hier noch ein wenig näher klären, was wir unter Friseur-Fachkompetenz verstehen.

Die meisten Menschen kommen heutzutage zum Friseur, weil sie einen neuen Haarschnitt brauchen oder weil die Farbe rausgewachsen ist.

Ein paar wenige kommen auch noch, weil sie eine neue Dauerwelle haben wollen.

Ein Teil kommt auch, weil er das Bedürfnis hat, über die Neugestaltung seiner Haare neu, anders, besser auszusehen, oder auch, um seine Haare für einen besonderen Anlaß in eine besondere Form bringen zu lassen.

Aber die erste Voraussetzung ist fast immer, die Haarlänge oder Haarfarbe ist außer Form gewachsen und der Kunde - Mann, Frau oder Kind - kommt in den Salon, um dies korrigieren zu lassen.

Im Gespräch erfährst Du die Wünsche und Bedürnisse Deines Kunden und Deine **Fachkompetenz** ermöglicht Dir nun, auf diese Wünsche und Bedürfnisse einzugehen, zu klären was möglich und passend ist und es dann durch Dein Tun - Haare schneiden, Haare färben, Haare formen, Haare gestalten - auch sichtbar werden zu lassen.

Damit dieser Prozess durch Dich geschehen kann, brauchst Du Fachwissen und Fachkönnen. Als Friseurin, die noch in der Ausbildung ***vor*** der Gesellenprüfung steht, sind Deine ganzen Aktivitäten darauf ausgerichtet, Dir das Fachwissen und Fachkönnen zu erwerben, um in der Prüfung möglichst gut abzuschneiden.

Als Friseurin, die die Gesellenprüfung mit Erfolg bestanden hat, sind Deine Aktivitäten darauf ausgerichtet, mit dem in der Lehrzeit erworbenen Fachwissen und Fachkönnen die Friseurdienstleistungen zu erbringen, die Deine Kunde von Dir wollen.

Nun ist durchschnittliche oder gar fehlerbehaftete Friseurdienstleistung keine Mangelware. Du kannst diese an fast jeder Straßenecke, fast immer sofort und auch noch billig erwerben.

Erstklassige, exzellente Friseurdienstleistung ist da schon schwieriger zu finden und meistens auch nicht billig.

Der Unterschied zwischen einer mangelhaften, durchschnittlichen, hervorragenden oder exzellenten Friseurdienstleistung liegt hauptsächlich im unterschiedlichen Fachwissen und Fachkönnen der ausführenden Friseurin begründet.

Vor der Gesellenprüfung lernst und übst Du nach einem Lehrplan Deiner gewerblichen Schule und dem Lehrplan Deines Lehrbetriebes.

Wenn Du Glück hast, kooperieren die beiden und am Ende dieses Prozesses steht Deine bestandene Gesellenprüfung.

Wenn Du Glück hast, kannst Du schon in der Lehrzeit an vielen Modellen oder Modellkunden das Erlernte auch gleich üben, je öfter, desto besser.

Doch, wie die Umstände auch immer waren in der Lehrzeit, das Lernen und üben geht nach der Lehre erst richtig los: Denn „Erfolg als Friseurin" hast Du dann, wenn Du Dich mit Deinen fachlichen Leistungen in den Kategorien hervorragend bis exzellent bewegst und wenn Deine Chefs, Deine Kolleginnen und Kollegen und vor allem Deine Kunden sagen:

„Du faszinierst durch Dein exzellentes Fachwissen und durch Deine Virtuosität bei der Ausführung Deiner fachlichen Arbeiten"

Exzellentes Fachwissen

erlangen wir durch Liebe zur Sache, durch große Neugier, ständiges beobachten, methodisches lernen und Erfahrung sammeln durch anwenden!

Das gilt für den Erwerb von jeder Form des Wissens, wie z.B.

- Welche Schnitt- oder Frisurenform entspricht am Besten der Haarqualität, der Kopf- und Körperproportion meines Kunden?
- Was passt zum sozialen Umfeld, dem Lebensstil, dem Modeempfinden meines Kunden?
- Welche Haarfarbe oder Haarumformung ist sinnvoll und möglich?
- Welche Haar- oder Kopfhautpflegemöglichkeiten kann ich erkennen? Und, und, und.

Das alles ist Basiswissen im Bereich Haargestaltung und Haarpflege. Exzellent wird dieses Wissen durch ein breites Spektrum und viel angewandte Erfahrung.

Virtuosität bei der Ausführung erlangen wir durch Liebe zur Sache, durch Zielorientierung, eine große Portion Ehrgeiz, und durch bewußtes üben, üben, üben! Üben nach einem einem festgelegten Plan.

Das gilt für den Erwerb von jeder Form von Virtuosität. Diese Virtuosität zeigt sich dann

- in der Ausführung bei den Haarschnittformen,
- beim Finish nach dem Haarschnitt,
- bei der Ausführung von Frisuren aller Art,
- bei der Anwendung der verschiedenen Haar-Färbetechniken, Haar-Umformungstechniken Haar- und Kopfhaut-Pflegetechniken.

Es gibt Kolleginnen, die sagen an diesem Punkt: Das ist alles gut und schön, was hier geschrieben steht, aber mir reicht es, wenn ich über die Fachbereiche einigermaßen Bescheid weiß, im Hintergrund habe ich ja auch noch den Chef, und wenn ich die Dienstleistungen in einer guten Qualität - so wie ich das gelernt habe - erstellen kann.

Und es gibt Kolleginnen, die sagen an diesem Punkt: Was hier geschrieben steht begeistert mich! Jetzt sagt mir endlich, was kann ich tun, um mir das exzellente Wissen und die Virtuosität in der Anwendung zu erwerben.

Die Chance auf „Erfolg als Friseurin" ist bedeutend größer, wenn Du Dich der 2. Gruppe anschließt und für diese haben wir jetzt auch noch ein paar Anregungen.

Am Ende dieser 3. Spielregel in diesem Buch findest Du vier Qualitäts-Spiegel zum Thema Fachkompetenz, bei denen Du - wenn Du Deine Leistungen einigermaßen objektiv einschätzen kannst - relativ schnell erkennst, wo Du eine gute Qualität bietest, Deine Leistungen außergewöhnlich sind, und wo Du noch verbesserungsfähig bist.

Diese vier Qualitäts-Spiegel erheben keinen Ausspruch auf letzte Vollständigkeit, aber Du kannst anhand dieser Auflistungen die Basisanforderung an das Leistungsspektrum einer Haar-Stylistin sehr gut erkennen.
Natürlich gibt es auch Friseurkonzepte, bei denen dieses Leistungs-Spektrum sehr reduziert oder auf Spezialisten aufgeteilt ist, zum Beispiel auf die Spezialisten für Schnitt und Frisur oder die Spezialisten für den Haarfärbebereich oder Spezialisten für den Damen- oder Herrenbereich, usw..

Deine Fachkompetenz konzentriert sich dann auf das jeweilige Spezialgebiet. Dieser Qualitätspiegel hat dann eine speziellere Auflistung der Qualifikationen, die von Dir erwartet werden.

In der Regel erwartet Dein Chef von Dir, dass Du die auf den Qualitäts-Spiegel aufgeführten Leistungen im Standard Deines Salons beherrschst, soweit diese Leistungen in Eurem Salon im Leistungsangebot stehen.

Damit Du Deine Leistung besser einstufen kannst, ein paar Anregungen zur Einschätzung und Bewertung.

☹ **Nicht akzeptabel** ist eine Leistung, die die Friseurin fachtechnisch noch nicht richtig beherrscht, die technische Mängel zeigt oder der Erlebniswert für den Kunden nicht stimmig ist oder der Zeitwert nicht eingehalten wird.

Noch weniger akzeptabel ist, wenn schlampig gearbeitet wird, z.B. eine Ansatzfärbung wird nicht exakt aufgetragen oder der Kundenwunsch beim Haarschnitt wird völlig verfehlt. All dies ist nicht akzeptabel.

Akzeptabel ist eine Leistung die wunschgemäß erstellt wurde, keine Fehler zeigt, aber weder Dich, noch den Kunden, noch den Chef „vom Hocker reißt". Eine akzeptable Leistung eben.

Klasse ist eine Leistung, wenn der Kunde sich sofort herzlich angenommen fühlt, sich rundum gut beraten weiß, die Behandlung entspannt genießen kann, die Fachtechnik nicht erleidet sondern anerkennend die behutsame Professionalität der zügigen Abwicklung erlebt, sich bestens betreut fühlt, mit dem Ergebnis der Dienstleistung hochzufrieden ist, den Preis akzeptabel findet und beim Verabschieden spürt, die freuen sich echt, wenn ich wiederkomme.

Extraklasse ist, wenn auf die **Klasse** noch eins draufgesetzt wird. Wenn der Kunde von der Leistung wirklich begeistert ist, weil sie ein außergewöhnliches Ergebnis zeigt und er sich total angenommen fühlt.
Wenn der Kunde findet, dass er Dein exzellentes Wissen und Deine Virtuosität bei der Ausführung Deiner Dienstleistungen hautnah erleben durfte.

Mit diesen 4 Stufen der Leistungseinschätzung:

1 ☹ nicht akzeptabel 2 😐 akzeptabel
3 ☺ Klasse 4 👍 Extraklasse

und den in den vier Leistungs-Spiegeln aufgeführten Kompetenzbereichen und Dienstleistungsarten verschaffst Du Dir einen guten ersten Überblick über den Stand Deiner Fachkompetenz.

Fassen wir zusammen:

1. Fachkompetenz ist die **Basis von Allem,** ... und ohne Fachkompetenz **ist alles nichts.**

2. Fachkompetenz setzt sich zusammen aus **Fachwissen** und **Fachkönnen.**

3. Dein Erfolg als Friseurin hat die beste Ausgangslage, wenn Dein Umfeld von Dir sagt: **„Du faszinierst durch Dein exzellentes Fachwissen und durch Deine Virtuosität bei der Ausführung Deiner fachlichen Arbeiten".**

4. Um diesen Zustand zu erreichen, erstellst Du als erstes eine **Analyse** über die vier folgenden Spiegel, die Dir zeigt, wo Du derzeit stehst mit Deiner **Leistungs-Qualität.**

5. Mit dieser Analyse findest Du einen **Gesprächstermin** mit Deiner **Führungsperson**, die dann ihrerseits eine Analyse erstellt.

6. Über die Abstimmung der beiden Analysen ergibt sich eine Übereinstimmung über den **aktuellen Ist-Zustand Deiner Fachkompetenz.**

7. Auf der Basis dieser Ist-Analyse entsteht dann der gemeinsam geplante Aus- und Weiterbildungsweg, der Dich zum angestrebten „exzellenten Wissen und virtuosen Können" führt.

Die Anforderungen im **„Qualitäts-Check Fachkompetenz generell"** sind so formuliert, als würdest Du die Leistungen einer anderen Person einschätzen.

Betrachte Deine Leistung bei den 12 aufgestellten „Behauptungen" einfach mal mit diesem objektiven Abstand. Viel Spaß und viele neue Erkenntnisse beim Checken!

Qualitäts-Check **Fachkompetenz generell**

zur Spielregel Nr. 3

Erstellt am: ____________________

für: ____________________

Meine Leistungs-Einschätzung:

1 ☹ nicht akzeptabel **2** 😐 akzeptabel

3 ☺ Klasse **4** 👍 Extraklasse

	1 ☹	2 😐	3 ☺	4 👍
1. Geht offen und herzlich auf Menschen zu				
2. Erkennt schnell, was zum Kunden passt				
3. Findet schnell heraus, was der Kunde will				
4. Inspiriert und begeistert Menschen				
5. Hat eine hohe Fachkompetenz				
6. Kommuniziert Fachkompetenz einfach und verständlich				
7. Hat Mode-, Zeitgeist- und Lifestyle-Kompetenz				
8. Beherrscht virtuos das Dienstleistungs-Spektrum				
9. Organisiert sich und die Arbeit vorbildlich				
10. Arbeitet gut und schnell im Zeitlimit				
11. Reagiert flexibel und positiv auf Engpässe im Ablauf				
12. Bewirkt eine starke Kundenbindung				

Die besonderen Stärken sind die Nr. ❍ ❍

Die Möglichkeit zur Verbessererung zeigt sich bei der Nr. ❍

Notizen ____________________

____

Qualitäts-Check zur Spielregel Nr. 3

Fachkompetenz Haar-Stylistin DAMEN

Erstellt am: ______________________

für: ______________________

Meine Leistungs-Einschätzung:

1 ☹ nicht akzeptabel **2** 😐 akzeptabel

3 ☺ Klasse **4** 👍 Extraklasse

	1 ☹	2 😐	3 ☺	4 👍
1. Beratung zu Schnitt & Frisur				
2. Beratung zur Farbe				
3. Beratung zur Dauerwelle				
4. Beratung zur Haar- & Kopfhautpflege				
5. Haarschnitt klassisch				
6. Haarschnitt Trend				
7. Frisur handgeformt, Fön, Eisen, Trend				
8. Fönfrisur klassisch				
9. Frisur klassisch eingelegt				
10. Frisur aufgesteckt				
11. Tönung, Färbung, Strähnen klassisch				
12. Tönung, Färbung, Strähnen Trend				
13. Dauerwelle				
14. Haarwäsche				
15. Haarschaftbehandlungen				
16. Kopfhautbehandlungen				

Die besonderen Stärken sind die Nr. ◯ ◯

Die Möglichkeit zur Verbessererung zeigt sich bei der Nr. ◯

Notizen ______________________

____

Qualitäts-Check

zur Spielregel Nr. 3

Fachkompetenz Haar-Stylistin HERREN

Erstellt am: ______________________

für: ______________________

Meine Leistungs-Einschätzung:

1 ☹ nicht akzeptabel **2** 😐 akzeptabel

3 ☺ Klasse **4** 👍 Extraklasse

	1 ☹	2 😐	3 ☺	4 👍
1. Beratung zu Schnitt & Frisur				
2. Beratung zu Bart- und Gesichtspflege				
3. Beratung zur Farbe				
4. Beratung zur Dauerwelle				
5. Beratung zur Haar- & Kopfhautpflege				
6. Haarschnitt klassisch				
7. Haarschnitt Trend				
8. Frisurenfinish handgeformt, Fön, Eisen				
9. Bartschneiden				
10. Rasur				
11. Tönung, Färbung, Strähnen klassisch				
12. Tönung, Färbung, Strähnen Trend				
13. Dauerwelle				
14. Haarwäsche				
15. Haarschaftbehandlungen				
16. Kopfhautbehandlungen				

Die besonderen Stärken sind die Nr. ❍ ❍

Die Möglichkeit zur Verbessererung zeigt sich bei der Nr. ❍

Notizen ______________________

____

Qualitäts-Check **Fachkompetenz Haar-Stylistin KOSMETIK**

zur Spielregel Nr. 3

Erstellt am: ____________________

für: ____________________

Meine Leistungs-Einschätzung:
1 ☹ nicht akzeptabel **2** 😐 akzeptabel
3 ☺ Klasse **4** 👍 Extraklasse

DAMEN	1 ☹	2 😐	3 ☺	4 👍
1. Beratung zu Make-up				
2. Beratung zur Gesichts- & Körperpflege				
3. Beratung zur Handpflege & Nageldesign				
4. Ästhetikbehandlung				
5. Augenbrauen-, Wimpernfärben				
6. Augenbrauen formen				
7. Make-up				
8. Manicure				
9. Hand- und Arm-Massage				
10. Nageldesign				
HERREN				
1. Beratung zur Gesichts- & Körperpflege				
2. Ästhetikbehandlung				
3. Augenbrauen-, Wimpernfärben				
4. Augenbrauen formen				
5. Manicure				
6. Hand- und Arm-Massage				

Die besonderen Stärken sind die Nr. ❍ ❍

Die Möglichkeit zur Verbessererung zeigt sich bei der Nr. ❍

Notizen ____________________

____

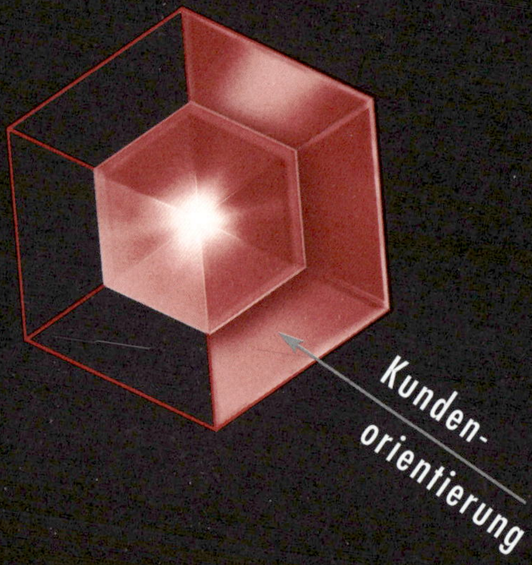
Kunden-
orientierung

Die 4. Spielregel

Stelle Deine Kunden in den Mittelpunkt

... und inspiriere die Menschen dazu, das Beste aus sich zu machen - durch die Art, wie Du mit ihnen kommunizierst.

FREUNDLICHKEIT
IST KEINE TAKTIK
UND KEINE METHODE,
SONDERN EINE POSITIVE
CHARAKTEREIGENSCHAFT

Stefan F. Gross

Ein kurzer Rückblick auf die Kernpunkte der Spielregeln, die wir schon kennen:

1. **Du zeigst Dein Talent und Deine Begeisterung.**

2. **Du weißt, was Du erreichen willst.**

3. **Du hast erkannt, Fachkompetenz ist die Basis von Allem.**

Die Spielregel Nr. 4 empfiehlt:
Stell **Deine Kunden** in den **Mittelpunkt** und inspiriere die Menschen dazu, das Beste aus sich zu machen - durch die Art, wie Du mit ihnen kommunizierst.

Bei Wikipedia heißt es zum Thema Kommunizieren:

„Kommunikation stammt aus dem Lateinischen communicare *und bedeutet „teilen, mitteilen, teilnehmen lassen; gemeinsam machen, vereinigen".* Und ein weiterer Abschnitt besagt: *„Kommunikation ist alltäglich und verläuft scheinbar selbstverständlich, so dass sie nicht weiter problematisch erscheint. Für die meisten Situationen reicht dies auch aus; es wäre zu aufwändig, die eigene Kommunikation ständig zu hinterfragen. Erst bei Missverständnissen*

und Misserfolgen, die mit Kommunikation in Zusammenhang gebracht werden können, wird Kommunikation problematisiert. In der wissenschaftlichen Behandlung von Kommunikation wird die Frage gestellt, wie Kommunikation erklärt werden kann, unter welchen Bedingungen sie abläuft, was Kriterien für Kommunikationserfolge sind, und wie verlässliche Modelle erstellt werden können, aus denen sich Vorhersagen und Handlungsanweisungen ableiten lassen."

So weit Wikipedia.

Wenn Du über Kommunikation mehr wissen willst, findest Du bei Google zum Thema „Kommunikation" 9 540 000 Eintragungen!

Doch das ist nicht notwendig, Dein Ziel ist „Erfolg als Friseurin". Und wenn Du nur die folgenden 5 Punkte in Deine tägliche Praxis integriert hast, wirst Du erleben, dass Deine Kommunikation nicht mehr „alltäglich" ist, wie Wikipedia schreibt.

Du wirst ein kleines Wunder erleben und tatsächlich erfahren, wie Du Deine Kunden, durch die Art wie Du mit ihnen kommunizierst dazu inspirieren kannst, mehr aus sich zu machen.

Der 1. Punkt ist:

Deine Kunden bekommen Lust, das Beste aus sich zu machen, **wenn sie Dich sehen**. Denn,

Du bist eine aparte Erscheinung,

- das zeigt sich bei Deiner Frisur,
- das zeigt sich bei Deiner Haarfarbe,
- das zeigt sich beim gesamten Erscheinungsbild Deiner Haare,
- das zeigt sich bei Deiner gepflegten Haut, dem typgerechten Make-up, den gepflegten Händen,
- das zeigt sich bei Deiner „Berufs-kleidung",
- das zeigt sich bei Deinem gesamten Erscheinungsbild.

Du bist ein echtes Vorbild an individueller Ausstrahlung für die Kunden Eures Hauses

Der 2. Punkt ist:

Deine Kunden bekommen Lust, das Beste aus sich zu machen, wenn sie erleben, **wie Du auf sie zugehst.** Denn,

Du bist ihnen sofort sympathisch,

- durch Deine offene herzliche Art,
- durch die Art, wie Du auf sie zugehst, sie begrüßt und empfängst,
- durch Dein strahlendes, von Herzen kommendes Lächeln,
- durch Dein gepflegtes, inspirierendes Erscheinungsbild.

Du öffnest die Herzen Deiner Kunden durch Deine natürliche Herzlichkeit

Der 3. Punkt ist:

Deine Kunden bekommen Lust, das Beste aus sich zu machen, wenn sie erleben, **wie Du mit ihnen sprichst.** Denn,

- sie erkennen sofort, dass Du auf ihre Bedürfnisse eingehst,
- sie erkennen sofort, dass sie Dir sympathisch sind,
- sie erkennen sofort, dass Du über das, wovon Du sprichst, Bescheid weißt,
- sie sind angenehm überrascht, wie schnell und klar Du auf den Punkt kommst, wenn ihr über die Wünsche und Vorstellungen des Kunden sprecht.

Du überraschst durch Deine kluge Gesprächsführung und Deine Fachkompetenz

Der 4. Punkt ist:

Deine Kunden bekommen Lust, das Beste aus sich zu machen, wenn sie erleben, **wie Du sie während der Behandlung begleitest.**
Denn sie erleben,

- dass sie auch während der Behandlung bei Dir immer in Deiner aufmerksamen Obhut sind,
- dass Du auch während der Behandlung die eine oder andere fachliche Anregung für sie bereit hast,
- dass es durchaus passieren kann, dass Du auch während der Behandlung eine kleine überraschende Verwöhnung aus dem Ärmel ziehst, und ...
- wie es Dir ganz wichtig ist, dass die Kunden mit dem Ergebnis Deiner Dienstleistung hochzufrieden sind.

Du verblüffst mit Deiner Umsicht und Deinem Engagement

Der 5. Punkt ist:

Deine Kunden bekommen Lust, das Beste aus sich zu machen und bald wieder in Deine Obhut zu kommen, wenn sie erleben, **wie Du dich von ihnen verabschiedest.**

Denn sie spüren durch die Art, wie Du Dich von ihnen verabschiedest,

- dass Du stolz bist, dass sie Kunde bei Dir sind,
- dass es Dir wichtig ist, dass sie mit der heutigen Leistung hochzufrieden sind,
- dass Du Dich als der Betreuer für das Erscheinungsbild Deiner Kunden fühlst und dass sie jederzeit anrufen und kommen können, wenn irgendein Problem auftauchen sollte,
- dass Du Dich jetzt schon auf den nächsten Besuch freust.

Die Kunden wissen, „Du bist das Beste, was ihnen passieren kann“

Die 5 Kommunikations-Punkte, die ganz entscheidend für Deinen Erfolg sind:

1. **Dein Erscheinungsbild**

2. **Wie Du auf Kunden zugehst**

3. **Wie Du mit ihnen sprichst**

4. **Wie Du sie während der Behandlung begleitest**

5. **Wie Du sie verabschiedest**

Auch hier kannst Du wieder ganz locker einen kleinen Test vornehmen und Deine Qualitäten in diesen 5 Bereichen einschätzen.
Ganz für Dich allein. Mit keinem brauchst Du darüber sprechen.

Und wenn Du Handlungsbedarf für Dich erkennst, dann formuliere Dein Ziel, oder Ziele und nimm eins nach dem anderen in Angriff.
Brauchst Du dabei Hilfe, Anleitung, einen Gesprächspartner? Dann wende Dich an Deine Führungskraft.

Anleitung zum Abschluß-Check

Die Einschätzung einer persönlichen Leistungs-Qualität oder die Einstellung dazu ergeben nur dann einen Sinn, wenn daraus auch Maßnahmen zur Verbesserung erfolgen.
Um zu helfen, die Aktivitäten auf den wirkungsvollsten Punkt zu konzentrieren, erfolgt die Einschätzung in zwei Stufen:

1. Du markierst als erstes Deine Einschätzung bei jedem der aufgeführten Erklärungen, Aussagen oder Fragen in eines der 4 Felder

   1 ☹ 2 😐 3 ☺ 4 👍

2. Wenn Du über Deine Bewertung einen ersten Eindruck gewonnen hast, setzt Du in einem zweiten Schritt Schwerpunkte, in dem Du mindestens 2 starke Seiten von Dir markierst.

   Danach findest Du auch noch den einen Punkt, bei dem Du der Meinung bist, bei dieser Leistung oder Einstellung bist Du verbesserungswürdig. Diesen Schwerpunkt markierst Du hier:

Die besonderen Stärken sind die Nr. ❍ ❍
Der Punkt der zu verbessern ist, liegt bei der Nr. ❍

Nachdem Du weißt, wo Deine besonderen Stärken liegen und wo Du Dich verbessern kannst, entscheide jetzt,

a) willst Du zuerst eine der Stärken noch stärker machen oder
b) willst Du zuerst den Verbesserungspunkt angehen?

Zur Frage, welches der wirkungsvollste Ansatzpunkt für Dich in diesem Fall sein könnte, stell Dir einfach die Frage,

a) ist der Verbesserungspunkt der Engpass, der Dich daran hindert, erfolgreicher zu sein, oder
b) ist es sinnvoller, Deine Stärken noch stärker zu machen und der Verbesserungspunkt verliert dadurch an Bedeutung?

Wenn Du unsicher bist, frage einfach Deine Vertrauensperson, mit der Du solche Fragen besprechen kannst, oder Deine Führungkraft beim nächsten Gesprächstermin.

Abschluß-Check

zur Spielregel Nr. 4 Erstellt am: ____________________

für: ____________________

Meine Leistungs-/oder Einstellungs-Einschätzung:

1 ☹ nicht mein Ding **2** 😐 manchmal

3 ☺ trifft voll auf mich zu **4** 👍 dafür lebe ich

	1 ☹	2 😐	3 ☺	4 👍
1. Ich bin ein echtes Vorbild mit meinem Erscheinungsbild				
2. Ich öffne die Herzen meiner Kunden durch meine natürliche Herzlichkeit				
3. Ich überrasche meine Kunden mit meiner klugen Gesprächsführung und mit meiner Fachkompetenz				
4. Ich verblüffe meine Kunden mit meiner Umsicht und meinem Engagement bei der Arbeit				
5. Meine Kunden wissen, ich bin das Beste, was ihnen passieren kann				

Meine besonderen Stärken sind die Nr. ○ ○

Meine Möglichkeit zur Verbessererung zeigt sich bei der Nr. ○

Notizen ____

____

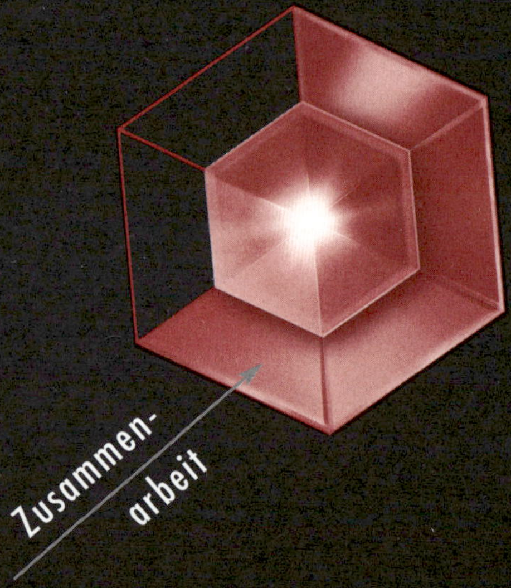
Zusammen-
arbeit

Die **5.** Spielregel

Sei Vorbild in der Zusammen-arbeit

24%, 43%, 27%, 6%

Das Ergebnis der Global Workforce Study 2010 der Unternehmensberatung Towers Watson für das Jahr 2010 stützt sich auf die Befragung von weltweit 20 000 Mitarbeitern in 27 Ländern.

Für Deutschland zeigt sich bei der Frage „wie engagiert zeigen sich die Mitarbeiter für Ihr Unternehmen und bei ihrer Arbeit", folgendes Ergebnis:

Hoch engagiert sind	**24** % der Mitarbeiter
Moderat engagiert sind	**43** % der Mitarbeiter
Teilweise nicht engagiert sind	**27** % der Mitarbeiter
Nicht engagiert sind	**6** % der Mitarbeiter

Wo stehst Du mit Deinem Engagement?

Wie siehst Du die Zusammenarbeit bei Dir im Team?

Wie erlebst Du die Zusammenarbeit mit den Kolleginnen und Kollegen?

Wie erlebst Du die Zusammenarbeit mit dem Chef?

- Unterstützt ihr euch gegenseitig, oder wurstelt jeder für sich vor sich hin?
- Gibt es Kolleginnen oder Kollegen, die ab und zu auch gegen das Team arbeiten?
- Gibt es eventuell sogar Feinde im Team, oder noch schlimmer, siehst Du manchmal auch den Chef als Feind, vor dem man zu bestimmten Zeiten am besten in Deckung geht oder Dienst nach Vorschrift macht?

Wahrscheinlich hast Du jede der hier beschriebenen Situationen schon erlebt und vermutlich läßt sich das in besonderen Stresssituationen nicht immer vermeiden.
Erfolgsverhindernd wird es allerdings dann,

wenn sich ein solch destruktiver Zustand auf Dauer im Team festsetzt und keiner etwas dagegen unternimmt.

Natürlich ist es ganz klar eine Chef-Aufgabe, dafür zu sorgen, dass es mit der Zusammenarbeit klappt. Aber manchmal

a) wissen Chefs überhaupt nicht, dass die Zusammenarbeit im Team gestört ist, oder
b) sie erkennen, dass die Zusammenarbeit zwar besser sein könnte, wissen aber nicht, wie das Problem gelöst werden könnte.

„Nicht mein Bier", könntest Du jetzt sagen. Doch wenn die mangelhafte Zusammenarbeit eine schlechte Atmosphäre im Team verursacht, sich vielleicht sogar schon zu einer gegenseitigen Behinderung entwickelt hat, dann bist auch Du gefordert.
Denn in einem destruktiven Teamklima ist es auch für Dich schwieriger Erfolg zu haben. Deshalb, beantworte einfach mal die Frage: **„Wie wär`s denn toll bei Euch mit der Zusammenarbeit?"**

Lass zur Unterstützung Deiner Antwortfindung das folgende Leitbild auf Dich wirken.

Die Philosophie der Zusammenarbeit im Unternehmen.

Was wir unter „Zusammenarbeit" verstehen:

1. ***Zusammenarbeit*** *heißt für uns, ein gemeinsames Ziel haben, das wir mit Begeisterung und Elan anstreben.*

2. ***Zusammenarbeit*** *heißt für uns, eine menschliche Gemeinschaft bilden, die von gegenseitiger Achtung, Rücksicht, Verständnis und Hilfsbereitschaft, von Anerkennung und gegenseitigem Ansporn getragen ist.*

3. ***Zusammenarbeit*** *heißt für uns, daß wir wissen, dass es Konflikte geben kann, dass wir wissen, dass wir Konflikte offen ansprechen können, und dass wir in der Lage sind, Lösungen zu suchen und zu finden.*

Wie gefällt Dir dieses Leitbild?
Find ich toll, aber das ist eine Utopie, das ist bei uns nicht machbar. Da sind die Charaktere bei uns viel zu verschieden. Und, und, und!

Vielleicht hast Du auch schon einen Sack voller Beispiele, warum das mit ***der*** Kollegin oder mit

dem Chef bei Dir im Team nicht funktionieren kann?

Warte noch einen Augenblick mit Deinen Einwänden. Lass uns zuerst diese großartige Philosophie der Zusammenarbeit etwas näher betrachten.

Gibt es bei Euch ein gemeinsames Ziel, das alle mit Begeisterung und Elan anstreben? Vielleicht ja, es ist nur etwas in Vergessenheit geraten? Vielleicht ja, aber keiner orientiert sich daran? Eventuell spricht der Chef zwar immer davon, doch die schriftliche Form fehlt und keiner kennt das gemeinsame Ziel so genau?
Wie könnte so ein gemeinsames Ziel, das auch Leitbild oder Philosophie genannt werden kann, aussehen:

Wir machen Menschen „schön"
- und verdienen damit unseren Lebensunterhalt.

•

Wir machen das so, dass es allen Beteiligten Freude bereitet, sowohl den Kunden, als auch dem Friseur.

•

Der Mensch - sein Bedürfnis, sich selbst und anderen zu gefallen - steht im Mittelpunkt unserer Arbeit.

•

Den Menschen, der bei uns Kunde ist, zu unterstützen und zu inspirieren, seine individuelle Persönlichkeit zu betonen durch die richtige Frisur, das passende Make-up und durch Gepflegtheit an Haar und Haut ist unser Anliegen, sehen wir als unsere Aufgabe, ist unsere Tätigkeit.

Wie gefällt Dir diese Philosophie?
Wie lautet das Leitbild Eures Unternehmens? Kein Problem, wenn dieses Leitbild bei Euch noch gar nicht schriftlich formuliert ist.

Dann bring doch Du die Anregung an Deinen Chef, mit der Bitte, ein solches Leitbild zu schaffen.
Am besten gemeinsam mit dem Team! Sag auch gleich, dass Du gern bereit bist, daran mitzuarbeiten.

Wenn Dein Chef jetzt ja sagt, zu Deiner Anregung, dann wird er diesen Prozess zu einer neuen Zusammenarbeit in Bewegung setzen wollen.

Ob vorhanden oder neu zu schaffen, wenn als 1. Schritt das Ziel formuliert ist, das alle mit Begeisterung und Elan angehen wollen, dann hast Du die Riesenchance, zu zeigen, was es heißt, den 2. Punkt zu leben:

2. ***Zusammenarbeit** heißt für uns, eine „menschliche Gemeinschaft" bilden, die von gegenseitiger Achtung, Rücksicht, Verständnis und Hilfsbereitschaft, von Anerkennung und gegenseitigem Ansporn getragen ist.*

Du stehst auch voll und ganz hinter diesem 2. Punkt?
„Aber was mach ich, wenn einige im Team sich nicht daran halten?"

Ganz einfach:

a) Du lebst diese Form der Zusammenarbeit einfach vor! Punkt.

b) Du fragst Kolleginnen oder Kollegen, die sich anders verhalten, ob sie nicht mal „spaßhalber" mitmachen wollen.
Du wirst jetzt wahrscheinlich eine ganze Menge Gründe hören, warum diese nicht wollen. Eventuell sogar berechtigte Gründe.
Der einen Kollegin fehlt die gegenseitige Achtung.
Der anderen fehlt Verständnis und Hilfsbereitschaft im Team.

Die Dritte weiß von einer schreienden Ungerechtigkeit im Team zu berichten.

An diesem Punkt ist es jetzt wieder angebracht zu Deinem Chef zu gehen und anzuregen, dass es gut wäre, über diese Punkte zu sprechen.

Und damit sind wir beim 3. Punkt der Philosophie zur Zusammenarbeit angekommen:

3. Zusammenarbeit *heißt für uns, dass wir wissen, dss es Konflikte geben kann, dass wir wissen, dass wir Konflikte offen ansprechen können, und dass wir in der Lage sind, Lösungen zu suchen und zu finden.*

Nun kann es durchaus sein, dass in dem Team, in dem Du Mitglied bist, diese hier aufgeführten 3 Punkte der Zusammenarbeit schon nach dieser Vorgabe praktiziert werden.

Die 5. Spielregel für Extraklasse ist dann für Dich nicht mehr als eine großartige Bestätigung, dass Euer Team auf dem richtigen Weg ist.

Herzlichen Glückwunsch.

Es könnte allerdings auch sein, dass es bei Euch im Team noch einiges zu verbessern gibt.

Wahrscheinlich ist Dein Chef auch sehr interessiert, diese Qualität der Zusammenarbeit in Eurem Team zu installieren.

Er weiß dann aber sicher auch, worauf er sich einläßt, wenn er sich als Führungsperson entscheidet, diese Form der Zusammenarbeit **jetzt** ins Leben zu rufen. Denn ein Punkt, der dann ganz sicher eine entscheidende Rolle spielen wird, ist der Faktor Zeit. Eine regelmäßige „Aktuelle Stunde", mindestens im 2-Wochenrhythmus mit sorgfältiger Vor- und Nachbereitung durch den Chef, und auch immer wieder Einzelgespräche sind für diesen Prozess unerläßlich.

Wenn bisher keine regelmäßige „Aktuelle Stunde" stattgefunden hat und Dein Chef gerade stark mit anderen dringenden Aufgaben beschäftigt ist, kann es durchaus berechtigte Gründe geben, dass er derzeit weder den Kopf noch die Zeit für diesen Prozess zur Verfügung hat. Ist dann Dein „Erfolg als Friseurin" gefährdet?
Sicher etwas behindert, aber nicht gefährdet. Denn Du kannst trotzdem ein leuchtendes Vorbild sein und damit Deinem Team Orientierung geben.
Sei Du einfach Vorbild und ein guter Botschafter für Euer Unternehmen.

Ein mögliches Leitbild, das ebenfalls die Zusammenarbeit beflügeln kann, findest Du in folgendem Text aus dem Lehrlings-Ausbildungskonzept „Netzwerk Ausbildung" das zu Beginn der 80er Jahre von den beiden Autoren geschrieben wurde:

„Die Mitarbeiter wissen was es heißt, ein guter Botschafter des Unternehmens zu sein und sie leben diese Grundsätze sowohl im als auch außerhalb des Unternehmens":

- *Ich habe mir einen großartigen Beruf auserwählt, um meinen Lebensunterhalt zu verdienen: „Ich mache andere Menschen schön".*

- *Ich arbeite in einem Beruf, in dem ein Mensch alle – seiner Entfaltung dienenden – Bedürfnisse ausleben und erfüllen kann, soweit dies im beruflichen Leben möglich ist. Ich arbeite gern in diesem Beruf.*

- *Ich bin Mitarbeiter in einem Team, in dem die „Philosophie zur Menschenführung im Unternehmen" gelebt und praktiziert wird.*
  Es gibt bei uns keinen „miesen Chef",

keine „unmöglichen Kollegen", keine „faulen Lehrlinge".

- *Wir sind Menschen mit Stärken und Schwächen, und es gibt auch Konflikte, die wir zu lösen haben. Aber wir kennen Wege, um Konflikte in gegenseitiger Achtung zu lösen und wir tun dies auch.*

- *Ich bin Mitarbeiter in einem Team, das den Kunden – die Menschen, die zu uns kommen, um sich schön machen zu lassen - in den Mittelpunkt gestellt hat.*

- *Unser Team lebt die „Grundsätze zu Service und Atmosphäre" und deshalb gibt es für uns keine „blöden Kühe" oder „dummen Kerle" unter unseren Kunden. Wohl gibt es auch unter unseren Kunden Menschen mit Stärken und Schwächen, mit „guten" und „schlechten" Tagen und wir sehen es als Teil unserer Dienstleistung, unseren Kunden zu „guten" Tagen zu verhelfen.*

- *Weil wir gut sind, wissen wir, dass auch andere Friseure gut sein können.*

Wir haben Verständnis dafür, wenn mal einer unserer Kunden zu einem anderen guten Friseur gewechselt hat, denn wir wissen, dass wir nicht für alle Menschen der „Beste“ sein können (auch wenn wir uns in solchen Fällen kritisch prüfen, ob wir bei diesem Menschen unser Bestes gegeben haben). Weder der andere Friseur noch der Kunde, der den anderen Friseur zur Zeit bevorzugt, ist deshalb unser Feind.

- *Ich bin Mitarbeiter in einem großartigen Team, unser Beruf macht uns Spaß und unser höchstes Ziel ist, unsere Kunden sollen mit unserer Leistung hochzufrieden sein und sie sollen sich wohlfühlen, wenn sie bei uns sind.*

- *Mit dieser Einstellung und mit diesem Wissen begegne ich den Menschen auch außerhalb unseres Geschäftes in der Öffentlichkeit. Ich weiß, ich bin ein guter Botschafter für das Unternehmen!*

Außer Dir wird Dich keiner daran hindern, diesen Botschafterposten anzunehmen. Du kannst Dich selbst dazu ernennen. Nicht nur in Deinem Berufsleben, auch im Privaten wirst Du mit dieser Einstellung ein viel konfliktärmeres Leben führen können und Du kannst Dich viel stärker auf das konzentrieren, was Dir Freude bereitet und Dich erfolgreicher macht.

Probier es einfach mal aus!

Zusammenfassung:

1. In einem Team, das nach den „Grundsätzen der Zusammenarbeit" miteinander arbeitet, sind die Erfolgschancen auch für jedes einzelne Mitglied deutlich größer, als in einem Team, wo diese Zusammenarbeit fehlt.

2. Auch Du kannst eine ganze Menge dazu beitragen, dass sich das Teamklima positiv verändert.

3. Falls das gemeinsame Ziel noch nicht klar genug formuliert, nicht bekannt, nicht akzeptiert, oder einfach nicht vorhanden ist,

kannst Du zur Quelle der Inspiration für Deinen Chef und Euer Team werden, um dieses gemeinsam Ziel entstehen zu lassen.

Der Abschlußcheck „Persönliche Qualität" will Dir helfen zu erkennen, welche Voraussetzungen Du derzeit zu diesem Thema hast.

4. Unabhängig davon kannst Du ab heute damit beginnen, für Dich persönlich nach den „Grundsätzen der Zusammenarbeit" zu leben und Dich zum „Botschafter Eures Unternehmens" zu ernennen.

Erstelle jetzt den Abschluß-Check „Persönliche Qualität" für die Spielregel Nr. 5.

Nur für Dich ganz persönlich. Und plane dann Deine weiteren Schritte zu diesem Thema. Diesen **Check** kannst Du ganz unkompliziert und spontan durchführen.

Die Statements zu diesem Abschlußcheck sind so formuliert, als würdest Du die Leistung einer anderen Person einschätzen. Betrachte Deine Leistung bei den 12 aufgestellten „Behauptungen" einfach mal mit einem objektiven Abstand.

Viel Spaß und viele neue Erkenntnisse beim checken.

P.S.
Wenn Du Dich stark genug fühlst, kannst Du

natürlich auch eine Vertrauensperson im Team zusätzlich bitten, diesen Check für Deine Person einmal ganz subjektiv auszuführen und ihr könnt Euch dann über die beiden Ergebnisse angeregt unterhalten.

Abschluß-Check **Persönliche Qualität**

zur Spielregel Nr. 5 Erstellt am: ____________________

für: ____________________

Meine Leistungs-/oder Einstellungs-Einschätzung:
1 ☹ nicht mein Ding **2** 😐 manchmal
3 ☺ trifft voll auf mich zu **4** 👍 dafür lebe ich

	1 ☹	2 😐	3 ☺	4 👍
1. Engagiert sich stark für die vereinbarten Ziele				
2. Gibt in der Zusammenarbeit das Beste				
3. Ist flexibel und offen für Veränderungen				
4. Ist aufgeschlossen für neue Ideen				
5. Lebt Teamgeist vor				
6. Kommt gut mit den Kollegen aus				
7. Fördert und unterstützt die Kollegen				
8. Arbeitet mit an der Weiterentwicklung des Teams				
9. Fühlt sich mit verantwortlich für Erfolge und Mißerfolge				
10. Lebt und verkörpert Mode und Zeitgeist				
11. Ist ein echter Profi				
12. Ist stolz in unserem Unternehmen zu arbeiten				

Meine besonderen Stärken sind die Nr. ❍ ❍

Meine Möglichkeit zur Verbessererung zeigt sich bei der Nr. ❍

Notizen ____________________

____

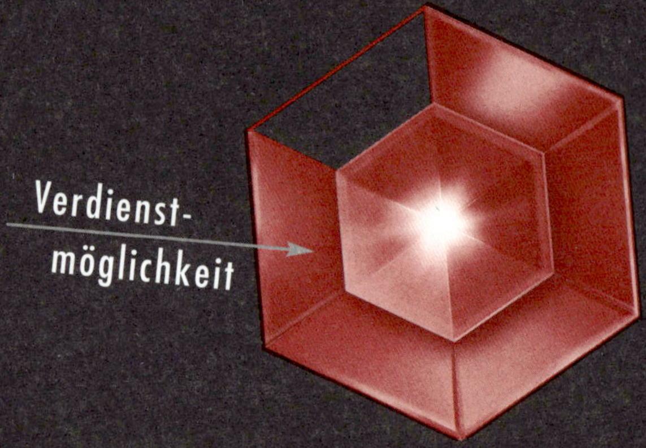
Verdienst-
möglichkeit

Die **6.** Spielregel

Dein Gehalt bestimmst Du selbst

... durch Deine Leistung

GELD 

IST NICHT ALLES

… DOCH LEISTUNG MUß SICH LOHNEN FÜR **ALLE** BETEILIG-TEN

Dein Gehalt bestimmst Du selbst - durch Deine Leistung!

Ha, ha, ha.

Bei uns bestimmt immer noch der Chef das Gehalt und manchmal denk ich schon, der muß ganz schön an mir verdienen.

Gut, dann lass uns ohne große Einleitung anhand eines Beispiels untersuchen, ob Dein Gehalt Deiner Leistung entspricht.
Nehmen wir einmal an, Du machst einen Umsatz von

5000,-- Euro Brutto im Monat.
Bitte bestimme jetzt Dein Gehalt.

Na ja, 50% vom Umsatz wäre doch angebracht, sagen wir
2500,-- Euro Brutto *im Monat.*
Dann hat der Chef 2500,-- Euro und ich habe 2500,-- , ist das nicht fair?

Halt, halt, warte bitte noch einen Moment, bevor wir uns festlegen.
Du kannst Dir sicher vorstellen, ganz so einfach geht das nicht. Auch wenn das einige Deiner Kolleginnen vielleicht immer noch glauben.

Bei dieser Gehaltsregelung würde Dein Chef nicht nur nichts verdienen, er würde sogar draufzahlen.

Auch wenn Du eine großartige Mitarbeiterin bist und die Spielregeln 1 - 5 wirklich lebst, kein Unternehmen kann sich auf Dauer diesen Mitarbeiter leisten.

Also, welches faire Gehalt kannst Du - unabhängig davon, wie der Tariflohn in Deinem Bundesland für Dich lautet - bei einem durchschnittlichen Monatsumsatz von 5000,-- Brutto erwarten?

Bevor wir uns in diese Frage weiter vertiefen, bitten wir Dich, jetzt einfach mal das kleine 1x1 der Betriebswirtschaft für einen Friseurbetrieb, aus der Sicht einer Friseurin, zu betrachten.

Denn nur mit diesen Grundkenntnissen kannst Du hinterher auch fundiert zu Deinem Chef sagen: „Mein Gehalt würde ich gern selbst durch meine Leistung bestimmen."
Einverstanden?

Dann lass uns jetzt zuerst ein paar zusätzliche Informationen besorgen, was diese 5000,-- Euro Brutto-Umsatz im Monat aussagen.

Wir nehmen an, Du arbeitest Vollzeit, mit 38,5 Arbeitsstunden in der Woche.

Der Umsatz ist inklusive der Mehrwertsteuer, so wie der Kunde an der Kasse bezahlt.

Du erwirtschaftest diesen Umsatz im Monatsdurchschnitt.

Stellen wir die monatlichen 5000,-- jetzt einfach mal als Paket aufs Tablett und schauen, was davon abgeht, bevor Dein Gehalt bezahlt werden kann.

Ausgangspunkt ist der Brutto-Umsatz **5000,--.**

Erinnern wir uns noch einmal daran, dass Deine faire Vorstellung von Gehalt fifty - fifty ist, also 2500,-- für Dich, 2500,-- für den Chef.

Doch jetzt zum kleinen 1x1 der Betriebswirtschaft. Vorab ist zu berücksichtigen, dass manche der folgenden %-Werte, individuell in den einzelnen Salons, nach oben oder nach unten abweichen können. Denn es kann durchaus sein, dass die Ausgaben für Kabinettwaren in dem einen Salon 6% und im anderen Salon 12% vom Netto-Umsatz betragen.

Doch jetzt zurück zu Deinen 5000,-- Euro Umsatz.

1. Davon gehen als erstes 19% MwSt. ab (vom Brutto-Umsatz gerechnet sind das 15,97%), die vom Chef an den Staat abgeführt werden müssen.

2. Die 100%-Summe, die danach zum Verteilen zur Verfügung steht, beträgt jetzt **4201,-- Euro.**

Wenn wir in Zukunft von %-Werten sprechen, dann beziehen sich diese immer auf die
100% = 4201,-- Euro.

3. Etwa 10% werden in diesem Salonbeispiel für Kabinettwaren ausgegeben, wie z.B. für Farbe, Shampoo, Stylingprodukte usw..
Das sind 420,-- Euro

420,--
für Kabinettwaren

Die Summe, die jetzt noch zur Verfügung steht, beträgt **3781,-- Euro.**

1050,--
für Gemeinkosten

4. Etwa 25% von den 4201,-- Euro werden in diesem Beispielsalon für Gemeinkosten wie Miete, Pacht, Strom, Gas, Wasser, Werbung, Weiterbildung usw. gebraucht.
Das sind 1050,-- Euro.
Bleibt ein Rest von **2731,-- Euro.**

5. Etwa 5% von den 4201,-- will Dein Chef als Rücklage für besondere Fälle Reparaturen, Neuinvestitionen usw. zurücklegen.
Das sind 210,-- Euro.

(Da werden jetzt zwar studierte Betriebswirte die Nase rümpfen und sagen, diese 5% sind doch betriebswirtschaftlich gesehen Gewinn.

210,-- für Rücklagen

Doch Fakt ist, dass oft das Geld für notwendige Reparaturen oder Neuinvestitionen einfach fehlt, weil keine Rücklagen da sind und Euer Salon dann nicht mehr auf der Höhe der Zeit ist. Was Deinen Kolleginnen dann Anlaß gibt, zu erwähnen, dass es doch an der Zeit wäre für das Erscheinungsbild des Ladens etwas zu tun).

420,--
für Unternehmerlohn

6. Weitere 10% will Dein Chef als Unternehmerlohn für seine Arbeit aus Deinem Umsatz. Das sind 420,-- Euro. Bleibt jetzt ein Rest von 2101,-- Euro.

7. Falls in Eurem Team eine oder mehrere Receptionskräfte arbeiten oder/und Lehrlinge in der Hauptsache für Assistenz zur Verfügung stehen und keinen Eigenumsatz erwirtschaften, müssen diese Lohnkosten ebenfalls anteilig aus Deinem Umsatz bezahlt werden. Das können je nach Salon ganz unterschiedliche Werte sein.

Nehmen wir jetzt einfach mal einen Mittelwert von 10%.

Das sind 420,-- Euro
Bleibt ein Rest von **1681,-- Euro,**
jetzt endlich haben wir eine Summe von 1681,--, die für Deine Lohnberechnung zur Verfügung steht.

Danach muß nur noch ein Punkt berücksichtigt werden, bevor wir zu Deinem Bruttolohn kommen:

Der **Arbeitgeberanteil.**

Dieser Arbeitgeberanteil beträgt derzeit ca. 26% vom Bruttolohn (ein Mittelwert, der je nach Krankenkasse oder Bundesland etwas nach oben oder unten variieren kann).
Ziehen wir jetzt die 26% Arbeitgeberanteil (von oben gerechnet sind das 20,64%) von der Restsumme von 1681,-- Euro ab, ergibt dies jetzt einen fairen Bruttolohn für Dich von **1334.-- Euro im Monat.**

Wow,

das kann doch nicht wahr sein!

Möchtest Du jetzt vielleicht sagen?

Für das hier aufgeführte Beispiel ist es wahr. Dass einzelne Kostenblöcke in Salons mit unterschiedlichen Voraussetzungen auch etwas höher oder niedriger ausfallen können, haben wir eingangs erwähnt. Bei unserem Beispiel handelt es sich um Durchschnittswerte aus der Branche. Nimm dieses Ergebnis einfach mal als Orientierungswert.

Wenn in Deinem Bundesland der Grundtarif für eine Vollzeitkraft höher liegt als die **1334,-- Euro** Brutto oder das weiche Herz Deines Chefs Dir ein höheres Gehalt zugesagt hat, dann wird Dein Chef überlegen müßen, von welcher Position er die Differenz ausgleichen will.

Meistens muss dann zuerst die Rücklage für Reparaturen oder Neuinvestitionen herhalten und an zweiter Stelle der Unternehmerlohn Deines Chefs.

Doch bevor Du nun in den Chor einstimmst: **„Friseurinnen verdienen nichts"**, lass uns eine zweite Rechnung aufmachen.

Du willst als erfolgreiche Friseurin weder Deinen Chef in die Armut stürzen, noch Dich mit 1334,-- Euro brutto plus Trinkgeld begnügen?

Fragen wir also als erstes: „Sind diese 5000,-- Euro Umsatz pro Monat schon das Ende der Fahnenstange?"

Wenn wir das Beispiel von Lisa nehmen, der Friseurin aus dem Prolog dieses Buches, von der die Kundin Siegrid so begeistert erzählt hat, dann sind wir mit dem vorigen Beispiel noch nicht am Ende der Fahnenstange.

Das Beispiel Lisa

Lisa erwirtschaftet als Vollzeitkraft einen durchschnittlichen Monatsumsatz von

7000,-- Euro

Wenn wir jetzt den gleichen Rechenweg wie bei

unserem vorigen Beispiel gehen, steht für Lisa am Ende ein Gehalt von

1867,-- Euro Brutto

zur Verfügung.

Lisa nutzt zusätzlich noch ein paar Möglichkeiten, um dieses Gehalt noch erfreulicher zu gestalten.

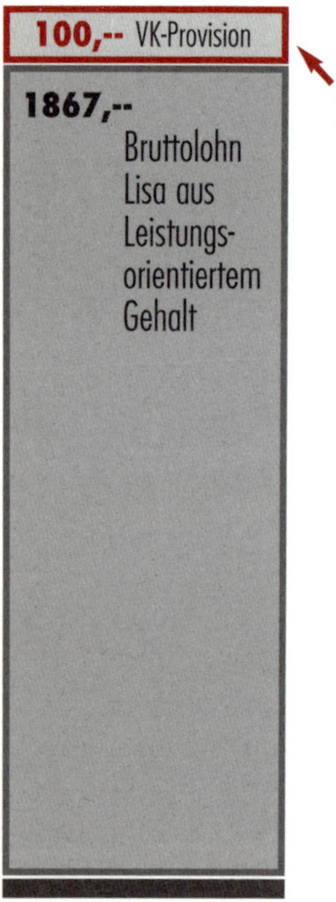

Der Salon hat ein attraktives Verkaufswaren-Sortiment.

100,-- VK-Provision

Lisa hat im Durchschnitt ein Verkaufs-Umsatz von ca. **1000,--** Euro im Monat. Ihr Chef bezahlt ihr eine Verkaufsprovision von 10% brutto. Das sind **100,--** Euro brutto im Monat zusätzlich.

Außerdem ist Lisa Trainerin für die Bereiche Haarschnitt und Frisur und steht dafür im Durchschnitt zwei Mal im Monat außerhalb ihrer Arbeitszeit für die Lehrlinge und Kolleginnen im Team zur Verfügung.

Dafür erhält sie über einen Stundensatz von 25,-- Euro (incl. Vorbereitung und Betreuung) ca. **125,--** Euro brutto Trainerhonorar im Monat.

125,-- Trainer-Honorar

Außerdem gibt es mit dem Trinkgeld von den Kunden noch einen **Tüchtigkeitsbonus**, über den allerdings in Friseurinnenkreisen nicht gern gesprochen wird.
Warum eigentlich?

„Trinkgelder werden von den Kunden persönlich gegeben und gehen deshalb den Chef nichts an?"

O.k., darüber könnten wir jetzt trefflich stundenlang diskutieren. Wir haben deshalb beim Gehaltsbeispiel mit den Euro 5000,-- Umsatz das Trinkgeld

auch nicht erwähnt.
Doch hier beim Beispiel Lisa möchten wir doch darauf hinweisen, dass das Trinkgeld für Dich eine wichtige Einnahmequelle ist und Du es für Dich sehr wohl als einen Teil Deines Lohnes sehen kannst und auch sehen solltest.
Besonders auch dann, wenn wieder einmal die Diskussion über die Hungerlöhne von Friseurinnen im Brennpunkt steht.

dazu **300,--** Trinkgeld netto, die wie **450,--** brutto gerechnet werden können.

Lisa spricht offen über Ihr Trinkgeld, zumal sie dies auch vor dem Finanzamt nicht verheimlichen muß, denn Trinkgelder sind weder durch Steuern noch durch sonstige Abgaben belegt.
Du kannst es also wie einen zusätzlichen Nettolohn sehen, was das Trinkgeld ja auch so wertvoll macht.

Die **300,-- Euro** Trinkgeld, die Lisa im Durchschnitt im Monat von ihren begeisterten Kunden erhält, sieht sie deshalb auch mit großer Dankbarkeit wie ein Bruttogehalt von mindestens **450,-- Euro.**

Auch wenn dieser Gedanke, Dein Trinkgeld als zusätzliches Gehalt zu sehen, für Dich zu neu ist, lass es jetzt hier bei der Endabrechnung trotzdem einfach mal so stehen:

Lisa kann ihr Bruttoeinkommen im Monat wie folgt sehen:

Euro 1867,--	Lohn nach Leistung
100,--	VK-Provision
125,--	Trainer-Honorar
450,--	Trinkgeld (als brutto gerechnet)
2542,--	**Summe Brutto**

Das bedeutet, Lisa`s Bruttoeinkommen im Monat beträgt:

2542,-- Euro

Ist diese Zahl für Dich beeindruckend? Eine Utopie? Eher enttäuschend? Oder noch längst nicht das Ende der Fahnenstange?

Egal, wie Deine Stimmungslage nach der Lektüre dieses Abschnitts derzeit gerade ist, bevor Du jetzt Deine Chefin oder Deinen Chef auf diese Zahlen ansprichst, möchten wir Dir noch ein paar Blickpunkte für dieses Gespräch geben.
Plane Dein Gespräch

mit Respekt und mit der gebotenen Vorsicht

denn, Du hast jetzt gerade 2 Lohnbeispiele kennengelernt aus einem Salon, der auf der Basis seiner hier vorgestellten Kostenstruktur zu diesem Lohnangebot für seine Mitarbeiter gekommen ist.

Es ist sehr gut möglich, dass die Kostenstruktur in Eurem Salon ganz anders aussieht und Deine Chefin oder Dein Chef mit diesem „dahergelaufenen" Beispiel aus diesem Buch überhaupt nichts anfangen kann.
Wenn dann noch dazu kommt, dass in Eurem Salon das Betriebsergebnis - also das, was unterm Strich übrigbleibt - derzeit überhaupt kei-

nen Anlaß zur Freude gibt, dann kann Deine Anfrage wie das bekannte „rote Tuch auf den Stier" wirken.
Vielleicht gibt es in Eurem Salon schon ein ähnliches, leistungsorientiertes Lohnkonzept, das die Anforderung beinhaltet, dass Du das **3,5-** , **4,0-** oder sogar das **4,5-fache** Deines Bruttolohnes als Umsatz erbringen musst.

Der Multiplikator ergibt sich jeweils aus der individuellen Kostenstruktur und der Gewinnerwartung des betreffenden Unternehmens.

Übrigens, bei den beiden Lohnbeispielen aus diesem Buch mit den 5000,-- oder 7000,-- Euro Umsatz ergibt sich mit der vorgestellten Kostenstruktur die Anforderung **Bruttogehalt mal 3,75** (Bruttolohn 1334,-- x 3,75 = 5003,--).

Jetzt sind wir aber ganz schön in das Thema leistungsorientierter Lohn und Umsatzsoll gerutscht und haben den Punkt endgültig erreicht, bei dem Du eventuell nur noch Bahnhof verstehst.

Deshalb jetzt unser Vorschlag, frag einfach, mit der gebotenen Vorsicht beim nächsten Gesprächstermin, was Deine Chefin oder Dein Chef von der in diesem Buch vorgestellten Lohn/Leistungsorientierung hält.

Und höre dann aufmerksam hin, wie sich das Gespräch entwickelt.

Eventuell beschäftigt Dich jedoch ein ganz anderes Thema, weil dieses Beispiel von Lisa mit den 7000,-- Euro Umsatz pro Monat für Dich wie eine Utopie erscheint und Du noch ein paar ergänzende Informationen benötigst.
Betrachte dazu diese hier aufgeführten Zahlen bitte nicht mit der Lupe, sondern nimm sie einfach als mögliche Durchschnittswerte.

Lisa arbeitet als Vollzeitkraft im Durchschnitt an ca. 18 Arbeitstagen im Monat.
Die 7000,-- Euro Dienstleistungsumsatz im Monat, geteilt durch 18 Arbeitstage im Monat, ergibt einen Umsatz von **389,-- Euro** pro Arbeitstag.
Bei knapp 8 Arbeitsstunden pro Arbeitstag ergibt das einen notwendigen Stundenumsatz von ca. **49,-- Euro.**

In dem Salon, in dem Lisa arbeitet kosten z.B. die folgenden Dienstleistungen im Durchschnitt:

Schnitt & Frisur	Euro	**45,--**
Foliensträhnen	Euro	**60,--**
Farbbehandlung	Euro	**35,--**

Der Zeitbedarf für diese Dienstleistungen ebenfalls im Durchschnitt ist:

Schnitt & Frisur	**45** Minuten
Liensträhnen	**60** Minuten*
Farbbehandlung	**30** Minuten*

*ohne Einwirkzeit und ohne die Haarwäsche, die von der Assistenz erledigt wird.

Lisa hat im Durchschnitt pro Arbeitstag:

6 x Schnitt & Frisur	Euro	270,--
1 x Strähnen	Euro	60,--
2 x Farbbehandlung	Euro	70,--
Summe	Euro	400,--

Diesen Umsatz erwirtschaftet Lisa bei sieben Kunden pro Arbeitstag.
Auch Lisa hat bei diesem Umsatz und dem Zeitbedarf für diese Dienstleistungen noch nicht das Ende der Fahnenstange erreicht.

Was nun, wenn in Eurem Salon die Preise niederer oder die Behandlungszeiten anders sind? Es gibt verschiedene Möglichkeiten, die Du nun mit Deinem Chef besprechen kannst.

Die beste Ausgangssituation für Dich ist, wenn Du persönlich eine Kundennachfrage hast, von der Du sagen kannst: „Eigentlich bin ich ständig ausgebucht."

Grundsätzlich gilt:

- Dein Gehalt kannst Du tatsächlich selbst bestimmen - durch Deine Leistung.
- Dazu ist es unerläßlich, dass Du Deine Leistung kennst, regelmäßig kontrollierst, und an den Verbesserungsmöglichkeiten Deiner Leistung arbeitest. Es ist der effizienteste Weg, um mehr zu verdienen.
- Dein Dienstleistungsumsatz ist die Kernleistung, an dem sich Dein Gehalt orientieren sollte.
- Wie groß Dein Lohnanteil von Deinem Umsatz sein kann, ergibt sich aus der individuellen Situation Eures Salons. Frag Deinen Chef, welche Möglichkeiten Euer Unternehmen dazu bietet.
- Auch der Verkaufsumsatz oder Spezialistenaufgaben, wie interner Trainer zu sein, können einen wesentlichen Beitrag zu Deinem Gehalt leisten (siehe Lisa).
- ... und auch das Trinkgeld ist ein wichtiger Teil Deines Verdienens und außerdem ein interessanter Gradmesser Deiner Beliebtheit bei den Kunden.

Nachdem Du jetzt dieses kleine Seminar in Betriebswirtschaft abgeschlossen hast, wie geht es Dir?

Bist Du jetzt total erschlagen?
Oder sagst Du nun, das hat mir mein Chef schon immer erzählt, nur hab ich´s bisher nicht geglaubt?
Hast Du jetzt den Eindruck, mit der hier vorgelegten Berechnung müßte Dein Grundgehalt höher sein?
Oder hast Du entdeckt, bei dem Umsatz den Du erwirtschaftest, bist Du aber sehr gut bezahlt?
Und denkst: „Das Thema rühre ich am Besten gar nicht an"?
Es könnte auch sein, Ihr habt in Eurem Unternehmen über Leistungskennzahlen überhaupt noch nicht gesprochen und das alles ist Neuland für Dich?
Betrachte jetzt ganz locker Deine individuelle Situation und bereite Dich dann für ein Gespräch mit Deinem Chef vor.
Du und Dein Chef sollten sich darauf einigen können, dass sich Dein Gehalt an Deiner Leistung orientiert. Wie das bei der Kostenstruktur Deines Arbeitsplatzes aussieht, kann Dir Dein Chef sicher verständlich erklären.
Der Abschluß-Check Nr. 6 hilft Dir bei der Vorbereitung auf dieses Gespräch.

Abschluß-Check

zur Spielregel Nr. 6 Erstellt am: ______________

für: ______________

Meine Absicht, mein Plan:

1 ☹ mal schauen **2** 👍 die Vorbereitungsaufgaben habe ich bestens erfüllt, die Termine sind geplant und vereinbart

	1 ☹	2 👍
1. Bezüglich meines Lohnes, der sich an meiner Leistung orientieren könnte, bitte ich um ein Gespräch mit meinem Chef. Dazu greife ich die Anregungen aus der Spielregel Nr. 6 auf und bereite mich bis zum ______________ entsprechend vor		
2. Wenn ich mein Gespräch vorbereitet habe, bespreche ich das Ganze zuvor noch mit einer Vertrauensperson. Termin bis zum ______________		
3. Bis zum ______________ habe ich meinen Chef diesbezüglich um einen Gesprächstermin gebeten.		

Notizen ______________

____

____

DIE
WIRKSAMSTE METHODE
EINE VERÄNDERUNG
IN UNSEREM LEBEN
VORZUNEHMEN, BESTEHT
DARIN, SO ZU TUN, ALS
HÄTTE DIESE VERÄNDERUNG
BEREITS STATTGEFUNDEN

David Taylor

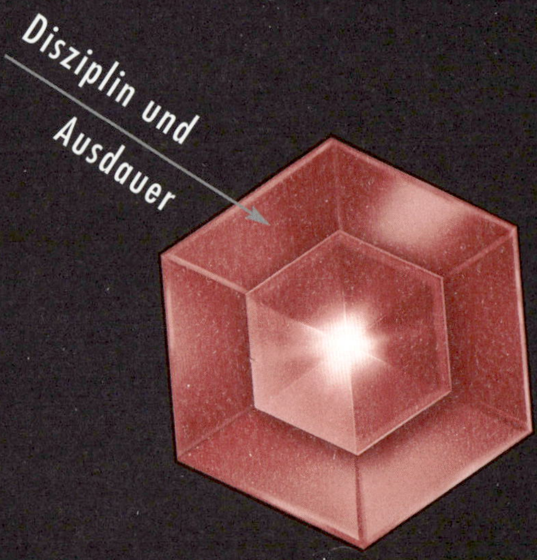
Disziplin und
Ausdauer

Die 7. Spielregel

Bleib am Ball

… und Dein Erfolg ist Dir sicher

"WAS SIE AUSZEICHNET IST, DASS SIE IMMER WIEDER AUFSTEHT, WENN SIE AUF DEN DECKEL KRIEGT"

Alpin-Direktor Wolfgang Maier in Whistler über eine Gabe der Olympiasiegerin **Maria Riesch**. "Das ist eine Eigenschaft, die bei Sportlern ganz selten ist."

Aus der Badische Zeitung vom 20.02.2010

An welchem Ball soll ich bleiben?

Die Frage ist berechtigt.
Es können durchaus mehrere Bälle sein, mit denen Du jetzt gleichzeitig versuchen könntest, zu spielen.

Du bist ja nun bei der 7. Spielregel für Extraklasse angelangt. Du hast diese Anleitung zu „Erfolg als Friseurin" mit großem Interesse gelesen, auch die Checks ausgefüllt und ein paar neue Erkenntnisse gewonnen?

Eventuell hast Du bei den Rechenbeispielen zur Spielregel Nr. 6:
„Dein Gehalt bestimmst Du selbst ..." gedacht, das, was Lisa da erreicht hat, ist für mich eine Utopie, nie kann ich das erreichen.

Es ist aber auch möglich, dass Du eine Kollegin bist, die in der Kategorie von Lisa arbeitet und sagt, das Ergebnis von Lisa ist wirklich noch nicht das Ende der Fahnenstange.

Eventuell hast Du auch bei der einen oder anderen Anregung gedacht, das liest sich sehr inspirierend, aber wie kann ich diese Anregung in meiner täglich Praxis wirkungsvoll umsetzen?

Es ist also wirklich die Frage mit welchem Ball beschäftigst Du Dich als erstes?

- Ist es der Ball „Talent und Begeisterung"?
- Ist es der Ball „Zielklarheit"?
- Ist es der Ball „Fachkompetenz"?
- Der Ball „Kunde im Mittelpunkt"?
- Kommt Dir der Ball „Zusammenarbeit" ins Gedächtnis?
- Oder ist es der Ball „Verdienstmöglichkeit", der sich immer wieder bei Dir ins Blickfeld schiebt?

Um diese Frage besser beantworten zu können, legst Du Dir jetzt als

1. Schritt eine Liste an.

Zieleliste
1.________
2.________
3.________
usw.

Auf dieser Liste notierst Du aus jeder Spielregel die Ziele, die Du am Ende jeder Spielregelbeschreibung für Dich entdeckt hast.
Bei der Du Handlungsbedarf für Dich erkannt hast.

Ein Beispiel:

Am Ende der 2. Spielregel-Beschreibung: „Kläre zunächst für Dich, was Du erreichen willst", hattest Du die Aufgabe, einen Zielplan für Dein erstes Ziel, das Dir eingefallen ist, zu erstellen. Hast Du die ersten 5 Punkte aus diesem 10-Punkte Zielprojektplan schon schriftlich erarbeitet?

Wenn ja, schreibst Du auf Deine Aufgabenliste den Titel dieses Zieles auf z.B. „2. Farbexpertin im Team".

Falls nicht, schreibst Du auf Deine Aufgabenliste: „Den Zielplan für mein erstes Ziel, 2. Farbexpertin im Team, erstellen".

Am Ende dieser Erhebung durch die 6 Kapitel, hast Du wahrscheinlich eine ganze Reihe von Themen auf Deiner Liste stehen, bei denen es sich für Dich lohnen würde, am Ball zu bleiben.

Rangliste der Ziele
1.________
2.________
3.________
usw.

Der **2. Schritt** ist jetzt diese Themen in eine Rangliste der Wichtigkeit zu ordnen.

Eine Frage vorab kann Dir bei der Erstellung dieser Rangliste eine große Hilfe sein:

Welche der aufgelisteten Ziele oder Aktivitäten bringen Dich am besten und auf dem direktesten Weg zur angestrebten Extraklasse?

Ziel-Projektplan Nr. 1
1. Zielbeschreibung
2. Ziel-Collage
usw.

Wenn Du die Rangliste nach diesem Kriterium erstellt hast, kannst Du den **3. Schritt** gehen und das erste Ziel auf Deine Liste angehen.

Nehmen wir wieder das Bespiel, Du möchtest Dich gern zum Farb-Experten im Team, eventuell sogar mit Trainerfunktion für die anderen Teammitglieder, entwikkeln.
Es ist jetzt unerlässlich, dass Du Deine Zielvorstellung etwas präzisierst und schriftlich formulierst.

Am besten nach der Anleitung zum 10 Punkte-Zielprojektplan, den Du im Kapitel 2 nachlesen kannst.
Für das Gespräch mit Deiner Führungsperson ist das Minimum, dass Du die Punkte 1-5 schriftlich erarbeitet hast.

Danach benötigst Du einen Gesprächstermin mit Deiner Führungsperson, um Deine Idee vorzutragen und um zu klären, ob Dein Ziel auch das Ziel Deiner Führungsperson sein kann.

Auch dafür machst Du Dir ein paar schriftliche Notizen als Gesprächsvorbereitung für die Präsentation Deines Anliegens.

Gesprächs-Vorbereitung
1.______
2.______
3.______
usw.

Der **4. Schritt** ist das Gespräch mit dem Chef. Nun kann ja durchaus sein, dass Dein Chef in diesem Gespräch die Vorstellung hat, es wäre sinnvoller, dass Du zuerst Deine Qualifikation bei den aktuellen, trendigen Haarschnitten verbesserst, bevor Du dann den Farb-Experten angehst.

Bei solch unvorhergesehenen Ereignissen ist Deine Flexibilität gefragt. Wichtig für Dich ist, Du willst Deine Fachkompetenz verbessern.
Wenn Dein Chef dazu einen konstruktiven

Vorschlag hat, bist Du offen für Anregungen.

Wie auch immer:
Ziel dieses Gespräches ist es, dass am Ende das Ziel gefunden wurde, das Dich auf Deinem Weg zur erfolgreichen Friseurin der Extraklasse entscheidend weiterbringt und die volle Unterstützung Deines Chefs hat.

Zielvereinbarung
1.________
2.________
3.________
usw.

Und wenn Du mit Deinem Chef Übereinstimmung erzielt hast, dann wird am Ende dieses Gespräches eine schriftliche Zielvereinbarung stehen.

Der **5. Schritt** ist jetzt, einen gemeinsamen Aktions- oder Trainingsplan zu erstellen, der die Stationen aufführt, die Du zu gehen hast, um das gemeinsame Ziel zu erreichen.

Aktions- oder Trainingsplan
1.________
2.________
3.________
usw.

Der **6. Schritt** ist, **Du legst jetzt los.**
Du wirst Dir Teilziele setzen. Du wirst für Dich festlegen, was es für Dich nun täglich zu tun gibt und Du wirst Dich auch täglich kontrollieren, ob und wie Du die heutige Aufgabe erfüllt hast.

Du wirst wöchentlich für Dich eine Wochenbilanz Deines Fortschritts auf dem Weg zum Teilziel erstellen und Du wirst regelmäßige

Gespräche mit Deiner Führungskraft vereinbaren, um Dir auch Deine Fortschritte bestätigen zu lassen.

Das alles in schriftlicher Form. Ein einfacher Terminplaner und ein schmaler Ordner für Deine Formularhilfen reichen dafür vollkommen aus.

Wenn Du bisher nicht gewohnt warst, schriftlich zu planen und Dich schriftlich zu kontrollieren, wird es am Anfang nicht ganz einfach sein. **Denn Du willst eine neue Gewohnheit schaffen.**

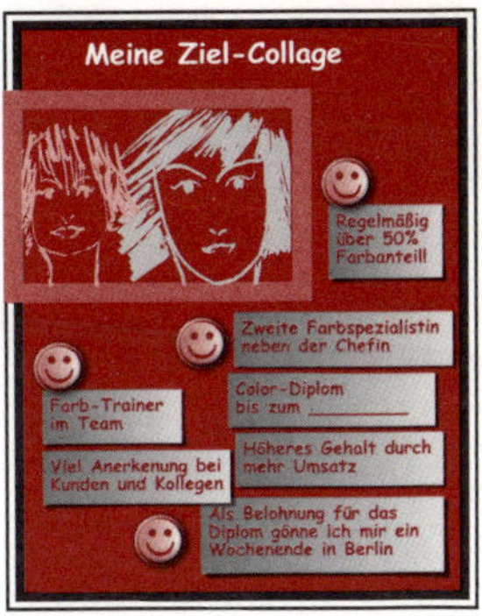

Wenn Du Schwierigkeiten hast, Dich heute zu motivieren, das zu tun, was heute getan werden muß, dann hol Dir Dein Zielbild vor Augen, mental oder real über Deine Collage. Mal Dir aus, wie es sein wird, wenn Du Dein Ziel erreicht hast.

Freue Dich über die Situation, die Anerkennung, die Du von Deinen Kunden, Deinem Chef, Deinen Kollegen erfährst, wenn Du das Ziel erreicht hast.

Schau Dir an, was Du Dir mehr leisten kannst, wenn Du das Ziel erreicht hast ...

und bleib am Ball!

Wenn Du die hier beschriebenen **Schritte 1 bis 5** bei dieser 7. Spielregel bravourös gegangen bist, hast Du schon viel mehr erreicht, als die meisten Menschen in ihrer beruflichen Situation erreichen: Dir ist bewußt, was Du erreichen willst. Du hast es Dir sogar schriftlich gegeben.

Doch beim **6. Schritt** bist Du am Scheideweg angelangt. An diesem Punkt 6 entscheidet sich Dein ganzes Projekt.
Und hier entscheidet sich, ob Du Dein Ziel, mehr „Erfolg als Friseurin" in einem angemessenen Zeitrahmen erreichen kannst.
Doch nicht nur der angemessene Zeitrahmen

steht auf dem Spiel. Das ganze Projekt steht auf dem Spiel beim 6. Schritt.
Hier an diesem Punkt „täglich am Ball bleiben" entscheidet sich alles, entscheidest **Du** über Erfolg oder Mißerfolg.

Deshalb, wenn Dein Ziel Deinen innersten Bedürfnissen enspricht, es klar und eindeutig schriftlich beschrieben ist, Du alles mit Deiner Führungsperson geklärt und schriftlich vereinbart und in einem Aktions- oder Trainingsplan formuliert hast, dann ist das

„heute tun, was getan werden muß"

die erfolgsentscheidende Aktivität, die Du jetzt von Dir verlangen musst.

Du, Dein Umgang mit Dir selbst, ist jetzt die Herausforderung. Wie bringst Du Dich heute dazu, das zu tun, was heute getan werden muß? Das ist die alles entscheidende Frage.
Hast Du Erfahrung mit Dir?
Gehst Du am besten so mit Dir um, wie Du mit einem guten Freund, einer lieben Freundin, umgehen würdest?

Mußt Du Dir ab und zu den berühmten Tritt in

den Hintern geben, damit Du in die Gänge kommst?

Wähle einfach die Methode aus, die Dir heute hilft, das zu tun, was heute getan werden muß.

Und wenn Du heute - aus welchem Grund auch immer - einen Durchhänger hast, an dem nichts laufen will, dann starte einfach morgen neu. Du hast lediglich einen Tag verloren.

Wenn Du mehrere Tage nicht klar kommst, wenn Du feststellst, jetzt hängst Du richtig fest, dann geh zu Deiner Führungskraft und bitte um Hilfe, um wieder auf den Weg zu kommen und Dein Ziel neu anzugehen.

Halte Dir immer wieder vor Augen, dass Du hier und jetzt am entscheidenden Punkt Deines Projektes stehst. Hier entscheidet sich Dein Erfolg. Mobilisiere alles, was Dir zur Verfügung steht und bleib am Ball.

Und wenn Du Dein erstes Ziel erreicht hast, dann ist der **7. Schritt,** Du feierst ein kleines oder ein großes Fest. Belohne Dich selbst, mit irgendetwas, was Dir Freude bereitet und genieße die Anerkennung der Kollegen, des Chefs und der Kunden. Und dann knöpfe Dir Dein nächstes Ziel vor. Du kennst jetzt die Schritte:

Der **1. Schritt** ist,
Du holst Dir Deine Zieleliste und wählst Dein nächstes Ziel aus. Du prüfst dabei auch nochmal im

2. Schritt ob das noch das Ziel ist, das Dich Deinem obersten Ziel, mehr „Erfolg als Friseurin" zu haben, näher bringt.
Wenn ja, präzisierst Du im

3. Schritt Dein Ziel mit dem 10-Punkte-Zielprojektplan und bereitest Dich gleichzeitig auf ein Gespräch mit Deinem Chef vor.

Der **4. Schritt** ist das Gespräch mit dem Chef und am Ende dieses Gespräches steht eine schriftliche Zielvereinbarung, die für Euch beide bindend und hochmotivierend ist.

Der **5. Schritt** ist wieder ein gemeinsam erarbeiteter Aktions- oder Trainingsplan, der die Stationen aufzeigt, die Du zum gemeinsam festgelegten Ziel gehen wirst. Und der

6. Schritt ist dann wieder, Du gehst ins Tun, mit allen Freuden und Leiden, die dieses tägliche Tun so mit sich bringt.

Am Ende dieses Zykluses steht dann wieder der **7. Schritt** mit dem kleinen oder großen Fest, mit der Freude über die Zielerreichung.

Du wirst entdecken, dass es Dir mit jedem Zielprojektplan, den Du erfolgreich abschließt, immer besser geht.

Du wirst von Mal zu Mal mehr Spaß und Freude haben, wenn Du nach dieser Methode Ziele erarbeitest und Ziele erreichst.

Dein Erfolg als Friseurin ist Dir tatsächlich sicher - wenn Du am Ball bleibst!

Und am besten am Ball bleibst Du, wenn Du das Kapitel 7 mit einem kleinen Check abschließt. Schreibe Deine drei wichtigsten Ziele, die Du im Laufe dieses Buches für Dich entdeckt hast, hier noch einmal auf.

Einverstanden? Vielen Dank!

Abschluß-Check zur Spielregel Nr. 7

Liste der wichtigsten Ziele

Erstellt am: ____________________

für ____________________

Die drei wichtigsten Ziele auf dem Weg zur beruflichen Extraklasse, die ich im Laufe dieses Buches **für mich** entdeckt habe, sind:

1. ____________________

____

____

____

2. ____________________

____

____

____

3. ____________________

____

____

____

____________________ ____________________

Datum Unterschrift

Ein paar interessante Zahlen für Friseur**innen**, Stand 2009:

Über ca. **90%** der Beschäftigten im Friseurhandwerk sind Frauen.

Rund **250 000** Beschäftige arbeiten in Deutschland in diesem Beruf.

Davon sind etwa **40 000** Lehrlinge.

Etwa **77 000** Beschäftigte sind gleichzeitig die Inhaber, die Chefs.

Als angestellte Gesellen oder Meister arbeiten ca. **133 000** Berufsangehörige in Deutschland in ca. **52 000** Friseursalons

Quelle: Dieter Schneider Marktlücke-Verlag

Epilog

Liebe Kollegin, lieber Kollege,

Du bist nun am Ende dieses Buches angelangt. Du hast die 7 Spielregeln kennengelernt. Sicher hast Du einige Impulse, Anregungen, Inspirationen dazu erhalten, wie Du den Edelstein Deiner Fähigkeiten und Qualitäten noch mehr zum Strahlen bringen kannst.

Die Chancen für Dich, in Deinem beruflichen Wirken noch erfolgreicher zu sein werden größer, wenn Du einfach daran gehst, Deine Stärken und besonderen Qualitäten systematisch und professionell zu verbessern und auszubauen.

Du hast in diesem Buch eine mögliche Methode kennengelernt, um aus Deinen Träumen Ziele werden zu lassen und Du kennst jetzt auch Wege, wie Du diese Ziele Schritt für Schritt erreichen kannst.

Damit
und mit Deinem Elan und Deiner Begeisterung wird es Dir gelingen, Dich in der Kategorie Extraklasse, der in diesem Buch beschriebenen 7 Qualitätsbereichen dauerhaft zu etablieren.

Und damit bekommt Dein berufliches - und auch Dein privates - Leben eine ganz neue Dimension und Du wirst noch mehr als bisher viel Anerkennung, Bestätigung und Freude erleben.

Du wirst noch mehr als bisher erkennen, dass Du tatsächlich in einem Beruf arbeitest, in dem Du - wie kaum in einer anderen Arbeitssituation - alles erleben kannst, was Erfolg und Erfüllung in einem beruflichen Leben ausmachen können.

Und Du bist damit - ohne dass es dazu noch zusätzlichen Anstrengung von Deiner Seite bedarf -

eine
großartige
Botschafterin,
oder Botschafter
für ein neues
Image der Friseurin,
des Friseurs in
unserer Gesellschaft

Viel Freude und Erfolg auf diesem Weg wünschen Dir

Kurt Bliss

Friseurmeister **Kurt Bliss** wurde praktisch über ein Friseurelternhaus in diesen Beruf hineingeboren. Mit 14 Jahren begann er eine Friseurlehre im elterlichen Betrieb und seitdem ist der Friseurberuf und die Friseurbranche sein Leben.

Neben seiner Vollzeittätigkeit, zunächst als total engagierter Friseur, dann als total engagierter Friseurunternehmer war seine zweite Leidenschaft das Schreiben über die außergewöhnlichen Menschen und Unternehmen in diesem Mode- und Dienstleistungshandwerk.

Das Studieren der Erfolgreichen dieser Branche in Deutschland und auf der ganzen Welt und die Beschreibung ihrer Erfolgskonzepte wurde zur Lebensaufgabe für diesen neugierigen Menschen. Er hat zu Beginn der 80er Jahre ein Buch über die **Erfolgskonzepte deutscher Friseure** geschrieben und war dafür über ein Jahr lang auf Interviewreisen bei den besten Friseuren Deutschlands.

Seine Neugier und sein Wissenshunger führten Kurt Bliss auch zu Studien und Interviews zu den besten Friseuren dieser Welt. Tokio, Mailand, Paris, Honkong, San Francisco, Kapstadt und zuletzt im Jahr 2004 Shanghai, waren einige der Stationen.

Die Erkenntnisse aus all diesen Aktivitäten hat er intensiv verarbeitet, zum Teil in Fachzeitschriften veröffentlicht und vor allem, immer wieder in der Praxis umgesetzt.

Einmal, in seinem eigenen Unternehmen Bliss Haarmode mit der Zentrale im südbadischen Lahr, das er zusammen mit seiner Frau Marianne, ebenfalls Friseurmeisterin, seit 1965, nach der Übernahme von seinen Eltern, kontinuierlich zu einem florierenden Unternehmen mit 6 Salons und ca. 100 Mitarbeitern in den 70er, 80er und 90er Jahren entwickelte hat. Zum anderen, über die Firma **elithair Management Service**, wo Kurt Bliss zusammen mit der Geschäftspartnerin Elfriede Schwörer seine Erkenntnisse über Seminare, Workshops und Workbooks zum Thema Unternehmensführung und Mitarbeiterführung an interessierte Unternehmerkollegen weitergibt.

Inzwischen, jetzt im Jahr 2010, sind die Bliss Haarmode-Salons in die Hände von fähigen Führungskräften übergeben und werden erfolgreich in eigener Regie weitergeführt.

Tochter Ursula hat das Stammhaus in Lahr übernommen und mit eigenen Ideen ebenfalls erfolgreich weiterentwickelt.

Seine Aufgabe heute sieht Kurt Bliss darin, seine Erfahrung, sein Wissen und Können in schriftlicher Form so aufzubereiten und weiterzugeben, dass es für die Menschen, die in diesem Beruf ihren Lebensunterhalt verdienen, zu einer inspirierenden Anleitung für mehr Erfüllung und Erfolg in ihrer Arbeit wird.

Das Buch „Erfolg als Friseurin", gemeinsam mit Elfriede Schwörer erarbeitet, ist von Kurt Bliss auch als ein großes Danke an all die Mitarbeiter gedacht, die mit ihm und für seine Unternehmensidee in den vergangenen 50 Jahren zusammengearbeitet haben.

Elfriede Schwörer ist Betriebswirtin d.H., Friseurunternehmerin, Coach, Trainerin und Buchautorin. Nach den Lehr- und Gesellenjahren als Friseurin machte sie eine kaufmännische Ausbildung in einem in Deutschland marktführenden Unternehmen, wo sie dann in Folge als Sachberarbeiterin tätig war.
Nach einer kleinen Mutterschaftspause tritt sie 1977 in das Friseurunternehmen Bliss Haarmode in Lahr mit über 100 Mitarbeitern ein. Ihre Aufgaben: Unterstützung der Geschäftsleitung, Ausbildungsleiter und Trainer.
Aus diesen Aufgaben heraus entstand ein innerbetriebliches Ausbildungskonzept, **Netzwerk Ausbildung**, das bundesweit Anerkennung fand.

Danach folgte das Studium zum Betriebswirt d.H. Sie ist Mitbegründer der Firma B&S Ende der 80er Jahre, in Folge dann **elithair Management Service** genannt, deren Hauptziel die Weiterbildung und Förderung selbständiger Friseurunternehmer im deutschsprachigen Raum ist.

Als Mitautorin von Netzwerk Ausbildung und der anschließenden Umsetzung in der Praxis hat sie einen großen Erfahrungsschatz in der Planung, Organisation und Durchführung von innerbetrieblichen Aus- und Weiterbildungmaßnahmen. Sie gilt als anerkannte Spezialistin für diesen Bereich im deutschsprachigen Friseurhandwerk.

Zusammen mit Geschäftspartner Kurt Bliss entwickelt Elfriede Schwörer weitere sehr praxisbezogene Seminare und Workshops für interessierte Unternehmerkollegen und deren Mitarbeiter.

Hauptthemen: **Unternehmensführung und Mitarbeiterführung**. Unter anderem auch in Mailand (Mailänder Erkenntnistage) oder Paris angesiedelt.

Nach **Netzwerk Ausbildung** entstehen Seminare und Workbooks wie **Train the Trainer** eine Anleitung für innerbetriebliche Trainerausbildung, oder **Aufstiegswege** ein Workbook und Workshop mit der Anleitung, wie Friseurchefs ihre Mitarbeiter erfolgreich zu besseren Ergebnisse führen können, sind ein paar Beispiele aus diesem Bereich.

Seit 1987 selbständig im Weiterbildungsmarkt der Friseurbranche, übernimmt sie 1996 auch die Geschäftsführung der Coiffeur Cooperation, wo Sie für diese Friseurunternehmervereinigung unter anderem, in Zusammenarbeit mit den führenden Haarkosmetikfirmen in Deutschland, für die Organisation großer Kongresse verantwortlich ist.

2002 folgt dann, gemeinsam mit dem Geschäftspartner Jean Luc Ringwald, die Übernahme des Salons Bliss City. Sie ist heute erfolgreiche Friseurunternehmerin und führt gemeinsam mit ihrem Partner diesen Salon mit einem Team von ca. 30 Mitarbeitern.

In diesem Buch „Erfolg als Friseurin" ist ihr ganzes Wissen zu diesem Thema und Ihr großer Erfahrungschatz in der Förderung von Mitarbeitern auf den Punkt gebracht.

Aufstiegswege

„Aufstiegswege" ist das Workbook für Chefinnen und Chefs, die ihre Mitarbeiterinnen und Mitarbeiter auf ihrem Weg zu mehr Erfolg im Beruf anleiten, führen und begleiten wollen.
Wie Sie Ihre Mitarbeiter in fünf Etappen zu meßbar besseren Ergebnissen führen können, haben Kurt Bliss und Elfriede Schwörer im Workbook „Aufstiegswege" sowie in dem ergänzenden Workbook mit Formularhilfen (incl. CD) zusammengefasst.

Das Workbook „Aufstiegswege"
zur Chefaufgabe Nr. 1 „Mitarbeiter in 5 Etappen zu messbar besseren Ergebnissen führen",
ist zu beziehen
zum Preis von: **€** 98.-- zuzüglich MwSt. über

elithair Management Service
Elfriede Schwörer & Kurt Bliss
Dinglinger Hauptstr. 23 77933 Lahr
Tel. 07821 / 98 30 30 Fax 07821 / 98 30 31
e-mail elfriede.schwoerer@elithair.com